Franz Chlebik

Die Entstehung der Arten

Franz Chlebik

Die Entstehung der Arten

ISBN/EAN: 9783741104640

Hergestellt in Europa, USA, Kanada, Australien, Japan

Cover: Foto ©berggeist007 / pixelio.de

Manufactured and distributed by brebook publishing software
(www.brebook.com)

Franz Chlebik

Die Entstehung der Arten

DIE FRAGE

UEBER DIE

ENTSTEHUNG DER ARTEN

LOGISCH UND EMPIRISCH BELEUCHTET

VON

FRANZ CHLEBIK.

BERLIN 1873.

DENICKE'S VERLAG

LINK & REINKE.

HERRN

CARL LUDWIG MICHELET

DOCTOR UND PROFESSOR DER PHILOSOPHIE

HOCHACHTUNGSVOLL ZUGEEIGNET

VOM

VERFASSER

EINLEITUNG.

„Es ist in der Zoologie", sagt Hegel in seiner Encyklopädie (§ 370), „wie in den Naturwissenschaften überhaupt, mehr darum zu thun gewesen, für das subjective Erkennen sichere und einfache Merkmale der Classen, Ordnungen u. s. f. aufzufinden. Erst seitdem man diesen Zweck sogenannter künstlicher Systeme bei der Erkenntniss der Thiere mehr aus den Augen gesetzt hat, hat sich eine grössere Ansicht eröffnet, welche auf die objective Natur der Gebilde selbst geht. Unter den empirischen Wissenschaften ist schwerlich eine, welche in neuern Zeiten so grosse Erweiterungen nach der Seite des Begriffs erlangt hat, wie die Zoologie durch ihre Hilfswissenschaft, die vergleichende Anatomie. Wie die sinnige Naturbetrachtung (der Französischen Naturforscher vornehmlich) die Eintheilung der Pflanzen in Mono- und Dikotyledonen, ebenso hat die Zoologie den schlagenden Unterschied aufgenommen, den in der Thierwelt die Abwesenheit oder das Dasein der Rückenwirbel macht. Die Grundeintheilung

der Thiere ist auf diese Weise zu derjenigen im Wesentlichen zurückgeführt worden, welche schon Aristoteles
gesehen hat."

In der Grundeintheilung liegt die Lösung der
Frage über die Entstehung der Arten; die Arten sind die
ausgelegte Grundeintheilung des — Sein-Begriffs. Diese
Grundeintheilung nun ist ewig und beruht nicht so sehr
auf äussern und damit für die Sinne zwar sichern aber
auch zufälligen Merkmalen, sondern vielmehr auf den den
Gebilden immanenten Voraussetzungen, auf den schlagenden Unterschieden, die der dialektisch nothwendige Gegensatz der Begriffsmomente, diese objective Natur der Gebilde selbst, gibt. So „ist die Art des Thieres dies, sich
an und durch sich selbst von den andern zu unterscheiden,
um durch die Negation derselben für sich zu sein." (§ 370.)
So „muss man die Zeugung nicht auf den Eierstock und
den männlichen Samen reduciren, als sei das neue Gebilde
nur eine Zusammensetzung aus den Formen oder Theilen
beider Seiten; sondern im Weiblichen ist wohl das materielle Element, im Manne aber die Subjectivität (des neuen
Gebildes) enthalten. Die Empfängniss ist die Contraction
des ganzen Individuums in die einfache sich hingebende
Einheit, in seine Vorstellung (Gattung). Der Same ist
diese einfache Vorstellung selbst, — ganz Ein Punkt, wie
der Name und das ganze Selbst. Die Empfängniss ist
nichts anderes als dies, dass das Entgegengesetzte, diese
abstracten Vorstellungen zu Einer (das Weibliche und

Männliche, das Materielle und Ideelle zu dem Einen der Gattung) werden."

Dieser bedeutenden Stelle der Encyclopädie fügte (im J. 1847) deren verdienstvoller Herausgeber, dem die vorliegende Abhandlung gewidmet ist, die nachstehenden sinnigen Fragen aus Aristoteles' Metaphysik an: Ἀνθρώπου τίς αἰτία ὡς ὕλη; ἄρα τὰ καταμήνια; τί δ' ὡς κινοῦν; ἄρα τὸ σπέρμα. Was ist der Grund der die Materie zu Dem und Jenem und endlich zum Menschen macht? Was ist es, das das Nichts des Punktes zum stofflichen Punkte, und diesen zum Etwas des Gedankens macht? Ist es nicht eben das Nichts der ewigen Seins-Idee als der zeugenden Negation des Nichts, der „einfachen sich hingebenden Einheit", die ebenso innen wie aussen, ebenso Kern wie Schale, der contradictorische Gegensatz, kurz jener Widerspruch ist, zu dem die letzte Auflösung der Dinge schliesslich immer führt? Ist die Welt mit ihren sich gegenseitig ausschliessenden Gebilden nicht die beständige Auflösung des ewig unmöglichen Widerspruchs des Idee-Seins? Die bekannte Antinomie des Atoms, was ist sie wenn nicht der abstracte Sein-Gedanke der, nicht als Stoff, aber als Gedanke sich unendlich zerlegend auslegt, und so in jedem denkbaren Punkte als Etwas erscheint? Eine ursprüngliche Zusammensetzung der Welt aus Atomen ist ebenso ein Wahn, wie eine ursprüngliche Entstehung einzelner Arten. Die Welt besteht ewig aus fertigen Gebilden, die ihre Fertigkeit dem Begriffe als organischem Pro-

ducte des Denkens, dem Denken selbst aber ihre lebendige
Bewegung verdanken, sie „ist der freie Reflex des Geistes,
Gott, in seinem unmittelbaren Dasein." Es ist interessant
und lehrreich zu erforschen, wann, wo und wie gewisse
Gebilde zuerst erschienen, wer sie aber nicht in dem
erschöpfenden Principe, in der „einfachen sich hingebenden
Einheit" des Denkens erfassen kann, findet wohl einen
Namen aber nicht „das ganze Selbst", hat statt des wesent-
lichen Begriffs der Sache ein leeres Wort, wenn nicht
eine Fabel.

Jaroslaw im Juni 1873.

1.

LOGISCHE SEITE.

Wenn wir von der Thatsache ausgehen, dass jeder Mensch von einem Elternpaare erzeugt ist, und dass jeder Vorfahr des Menschen ein Elternpaar hatte, so verliert sich zuletzt die in geometrischer Reihe sich mehrende Verzweigung der Vorfahren in eine Unendlichkeit von Ahnen, neben denen gar nichts Anderes mehr Raum hätte, was unmöglich ist. Von der Möglichkeit einer Erschaffung oder einer Urzeugung abgesehen, und in Ermangelung eines andern Princips wird die Menschheit von der Thierwelt abzuleiten und weiter anzunehmen sein, dass auch die Thiere aus einem oder mehrern Thieren ursprünglicher Art, diese aus den Pflanzen und diese aus der anorganischen Materie durch allmälige Umbildung der Formen entstanden seien. Ja selbst die Materie muss bei ihrer Verschiedenheit eine Entwickelung aus einer unbestimmten Substanz, etwa aus ursprünglich identischen Atomen, oder besser, da hier die Frage über das Was und Woher der Atome sich aufdrängt, aus ganz unbestimmten (mathematischen) Punkten sich gefallen lassen. Dann hätte alles was ist, mithin auch der Mensch, eine Unendlichkeit unbestimmter Punkte zum gemeinschaftlichen Ausgang, was besser zu denken ist, als eine erste ewige Materie, da bei der Negativität der Punkte, die Frage nach dem Woher nur den Raum betrifft, den wir vorläufig postuliren.

Sei das Wesen der räumlichen Ausdehnung welches immer, und sei der Grund, welcher die unendlich vielen unbestimmten Punkte zu bestimmtem Dasein brachte, welcher immer, so ist es doch gewiss, dass wenn das Daseiende in seiner Ableitung von einer äussern Form zur andern schliesslich zu einem Unendlichleeren zurückführt, der Wissenstrieb dabei sowenig stehen bleibt, wie das Unendlichleere nicht bei sich stehen geblieben ist. Die Welt ist einmal da und mit ihr die Frage Woher? Die willkürliche Vorstellung einer Erschaffung oder einer ewigen Materie heisst die Frage nur verschieben, umgehen, nicht beantworten. Dies kann zwar auch dem Unendlichleeren vorgeworfen werden, allein wir behaupten nicht, dass solches einmal war, sondern dass wir schliesslich dazu inducirt werden, und wir wollen nun sehen, wie es anders kam.

Mussten sich die in letzter Analyse nicht zurückzuweisenden unbestimmten Punkte irgendwann und wie zu einem mannigfaltigen Dasein und Leben kehren, so könnte die nachstehende Zeichnung zur schematischen Uebersicht jener ganz äussern Verkettung dienen, welche wir uns unter der genetischen Abstammung und chemisch organischen Entwickelung aus einem gemeinschaftlichen Punkte vorstellen, oder wie sich der Faden unbestimmter (nach Leibnitz metaphysischer) Punkte durch die Gestaltungen der Atome, Molecule, Zellen u. s. f. bis zum Menschen durchschnittlich entwickelt hat. Wir werden gewahr, wie die Abzweigungen dieses Fadens sich zunächst als eine äussere Anordnung gestalten, welche an gewisse Unterschiede wie etwa die physikalischen Elemente: Feuer, Wasser, Luft,

Erdigkeit, oder an die Naturreiche der Mineralien, Pflanzen, Thiere und des Dunstkreises u. dgl. erinnert, in den weitern Verzweigungen aber (deren Ausführung der Phantasie des g. Lesers überlassen wird) sich berührend, durchkreuzend, verschlingend und verflechtend, nicht etwa eine arabesken- oder guillocheartige Identität sinnloser Linearverschlingungen, sondern die vernünftige Mannigfaltigkeit

begrifflicher Combinationen und Complicationen zur Bildung des Einzelnen so an die Hand geben, wie solche die Logik unter Homogeneität und Specification oder unter Gattung und Art versteht. Wenn nämlich die ersten Hauptstämme der aus jedem ersten Punkte entspringenden Verzweigungen bei deren geometrisch progressiven Vermehrung sich derart unter einander verschlingen und verflechten, dass sie wohl alle in jedem Punkte ihren besondern Unterschied festhalten, hiebei aber immer die einzelnen Stämme, und zwar jeder an besondern Orten, die Eigenthümlichkeit ihres Unterschiedes über die andern vor-

wiegend geltend machen, so kann eine solche Commas-
sirung derselben nicht eintreten, die allen Unterschied ver-
wischte. Hiebei wird vorausgesetzt, dass die Verzweigungen nicht ins Unendliche verlaufen, sondern nur so weit
gehen, als eine Unterscheidung der einzelnen Linien und
deren Verflechtungen noch möglich ist, eine Voraussetzung,
die keineswegs ein willkürliches Postulat ist.

Die Welt hat nämlich, wie wir später sehen werden,
ihren Grund in unendlichen mithin negativen Faktoren,
welche miteinander mathematisch multiplicirt, ein positives
Product geben. Da jedes Product eine beschränkte Summe
ist, so erhält die sich complicirende Verzweigung unserer
Linien eine Grenze, so zwar, dass die Entwickelung aller
denkbaren Punkte symbolisch in der Vorstellung einer
auf und abwogenden Kugel gedacht werden kann. Unsere
Zeichnung soll nur eine schematisch durchschnittliche Uebersicht der unendlichen Affiliation der Daseinsgestaltungen
von ihrem angenommenen Ursprunge bis zur Gegenwart
gewähren, wo am Ende jeder Punkt ein aus einer unendlichen Anzahl von Punkten ebenso wie aus einem einzigen
Punkte herzuleitender Gedanke ist. Der Eine Punkt ist
die Idee der alles absorbirenden Unendlichkeit oder des
unendlichen Seins, das, selbst nur ein Gedanke, eben nur
so weit reicht, als der Gedanke reichen kann und mag.
Der Gedanke, das Denken ist, wie jeder Denkende unmittelbar weiss, Sein und Nichts, ein Widerspruch. Als
blosse Denkbewegung ist die unendliche Seins-Idee ebenso
Sein wie Nichts, ein Widerspruch, mithin recht eigentlich
Nichts; aber als Beziehung des Denkens auf sich, ist sie
in jedem Punkte Etwas und zwar ein in jedem Punkte
verständig unterschiedenes Etwas, mithin ein sich aufheben-
der Widerspruch, ein in sich gebrochenes Nichts, welches
nicht Nichts ist. Die mathematische Formel hiefür

ist: $\frac{0}{0} = \frac{1-1}{1-1} = 1$. Dieses Eins ist die unendliche Seins-Idee in ihrer Positivität, d. i. in der absolut allgemeinen Form des Begriffs, den wir nicht nur als blosse Idee, aber auch als reale Gestaltung kennen. Das unendliche Eins ist also jedes Einzelne, was die bekannte Urtheilsformel E — A (das Einzelne ist das Allgemeine) gibt. Dies ist ein Widerspruch, den wir stets begehen, ohne uns daran zu stossen, weil es kein fixes, todtes Einzelnes gibt, sondern jedes Einzelne, jeder Punkt in steter Veränderung und Bewegung, in stetem Uebergange in Anderes und Anderes, ins Unendliche begriffen ist.

Ein Punkt unterscheidet sich vom andern zunächst nur dadurch, dass der eine nicht der andere ist. Dies ist kein Unterschied, wenn nicht jeder Punkt eine besonders unterscheidende Bestimmung hat, ohne welche alle Punkte in einen zusammenfallen müssen, der, mag er sich dehnen und strecken wie er mag, immer nur das Nichts eines blossen Gedankens wäre. Das Einzelne dagegen ist in jedem Punkte unterschieden weil begrenzt. So aber ist es nicht in und durch sich selbst, sondern durch Anderes bestimmt, was eben nur wieder nichts als Gedanke, Denken ist; alles was ist, ist Etwas und damit ein von Anderem unterschiedener Gedanke. Im letzten Princip ist Alles Eins: das Denken, das, um überhaupt zu sein, nicht erst auf die Welt und das Gehirn zu warten braucht, ganz so wie der Satz: zweimalzwei ist vier. Es fragt sich nur, wie kommen die Gedanken zu der Erscheinung des Unterschiedes?

Da jeder Punkt, als Punkt und nichts weiter also rein für sich genommen, nichts ist, so müssen wir um unsere Punkte neben oder an einander zu erhalten, bei Abgang eines Bessern, für je zwei Punkte wenigstens die mathematische Bestimmung von Eins und Zwei fordern. Es sind

dies zwei Gedanken, die offenbar im Gegensatze stehend,
nicht in sondern nach und hiemit neben oder an einander
sind, obzwar nur als raumlose Gedanken. So aber entsteht
für je zwei Punkte die Bestimmung Drei, nämlich die Bestimmung, welche weder der eine noch der andere Punkt
ist, sondern ein Punkt, welcher eine Folge der beiden unbestimmten, (sei es) metaphysischen Punkte, mithin keiner
dieser beiden, sondern ein dritter ist, der ebenso für sich,
wie für die beiden erscheint, daher bei Berührung mit
andern solchen Punkten wie er, seinen Raum behauptet.
Ein solcher Punkt wäre das, was die Chemie unter Atom
versteht, — das kleinste nicht mehr theilbare Theilchen der Erscheinung oder Materie. Wir brauchen nur noch sein Gewicht und sein Etwas, seine Bedeutung, seinen Gedanken
zu suchen. Zu bemerken ist hier, dass bei dieser Raum-
construction keiner der metaphysischen Punkte verloren zu
gehen braucht, indem bei der Entstehung je eines dritten,
physischen Punktes aus zwei metaphysischen, ein Punkt
dem andern dienstbar wird, wobei der dienstbare durch
den vorherrschenden, maassgebenden, dadurch Raum ge-
winnt, dass er sich von dem an ihm seienden zweiten
trennt, und dass beide den an ihnen vom unbestimmten
Gedanken (Eins und Zwei) bisher nur vorausgesetzten und
durch den bestimmenden Gedanken gewonnenen Raum dem
vorherrschenden überlassen. Dem entgegen tritt im Fortschreiten der Atome zu Moleculen u. s. f. der Unterschied
ein, dass, da die Punkte als Atome keinen Raum mehr
zu gewinnen brauchen, sie nicht nothwendig ihren Raum,
dafür aber jedenfalls das Aequivalent ihres Gewichtes der
neuen Gestaltung zulegen.

Woher das Gewicht? Woher vor allem die Bedeutung,
welche die Punkte zu dem wirklich bestehenden Etwas des
Atoms macht, mit andern Worten: woher die Unter-

scheidungen oder Artbegriffe der Atome? Ohne diese
wären die Atome von nichts unterschieden, mithin selbst
nichts, — der Unsinn der materia prima, die als Fertiges
alles weitere Denken und Forschen abschneidet.

Wir treffen den Begriff in unendlich mannigfacher Bedeutung in der Welt als gegeben und streng geschieden
an, müssen daher annehmen, dass er ebenso wie die Dinge
aus der Unendlichkeit stammt, obgleich der Begriff etwas
Anderes ist, als das Ding, was daraus hervorgeht, dass
die einzelnen Dinge veränderlich sind, mithin mit der Zeit
verschwinden, indem sie durch andere ersetzt werden, die
Begriffe aber einmal aufgefasst, als solche unbedingt und
zwar zeit- und raumlos verharren.

Jedes Ding erscheint jedem sinnlichen, lebenden Wesen
als Etwas, so z. B. das Holz, dem einen Wesen als harter
Gegenstand, dem andern als Nahrung, wieder einem andern
als Wohnung oder Lagerstätte, und so weiter als Waffe,
Werkzeug, endlich als pflanzlicher Stoff der zu allerlei
taugt, was alles allerlei Begriffe gibt. Es ist dies der em-
pirische Weg der Begriffsauffassung, wobei das Gemeinsame
oder Aehnliche als Grundbestimmung gilt, eine Bestimmung
die wenn auch im Allgemeinen nicht unrichtig, doch ebenso
einseitig wie zufällig ist. Mag nun das Ding als was immer
erscheinen, immer sind es zwei Bestimmungen deren Zusammen als dieses Ding begriffen wird, — zwei meta-
physische Punkte gleichsam, die einem dritten physischen
Punkte Raum geben. Dieser Baum z. B. ist eine Pflanze,
welche die besondern Eigenschaften des Baumes hat. Hier
ist Pflanze der eine Punkt, welcher jede Pflanze, unendlich
viele Pflanzen, hiemit aber eigentlich nur einen metaphysischen Punkt, einen blossen Gedanken bedeutet; ebenso ist
Baum der zweite Punkt. Dieser Baum ist aber weder
der eine noch der zweite der beiden (jeder für sich) als

eine Unendlichkeit gedachten Punkte, sondern eben d i e s e r und zwar räumliche Punkt eines wirklichen Baumes. Die zwei Bestimmungen sind als unendlich gedacht für sich nichts, und doch ist es dieses Nichts, welches das Etwas des vorhandenen Punktes oder Gegenstandes, mithin seinen nothwendigen Grund ausmacht. Woher diese Nothwendigkeit?

Ein Punkt an und für sich und nichts weiter ist, wie gesagt, nichts; um etwas zu sein, muss er sich von dem zweiten als einem anderen Etwas unterscheiden, und zwar nicht etwa blos wie ein schwarzer Punkt von einem weissen. Denn zwei solche Punkte und nichts weiter verschmelzen wieder zu einer Einheit, die, wenn sie sich von nichts Anderem unterscheidet, Ein Unendliches und hiemit nichts als nur ein Gedanke wäre; wir hätten neben dem hier vorausgesetzten schwarzen und weissen Punkte eben nichts Anderes als nur die unendliche Einheit von schwarz und weiss, Ein unendliches Grau, das nur der Gedanke ver- folgt, nur Gedanke ist. Die zwei Punkte als Einheit müssen sich also von andern solchen Einheiten als Anderes unter- scheiden, dadurch werden sie selbst gegen einander, oder ihre Einheit wird in sich unterschieden. Hienach muss .jede wirkliche Einheit, sei sie auch nur die Einheit des Atoms, eine sowohl in sich, als ausser sich von andern Einheiten unterschiedene, getrennte, poröse Einheit sein, da sie sonst nichts wäre und keinen Unterschied gäbe. Wenn nun auch die beiden als Eins und Zwei, oder als Weiss und Schwarz auf einander bezogenen Punkte durch diese ihre Beziehung die Raumvorstellung gewinnen, so ist diese Vorstellung eine begrifflose, leere, ein Nichts, das in sich gebrochen zwar, nicht Nichts aber auch nicht Etwas, sondern eine gewisse Einheit ist, die Alles bedeuten kann und hiemit nichts bedeutet. Es kommt hier der Widerspruch des mathematischen Satzes heraus: $\frac{0}{0} = \frac{1-1}{1-1} = 1$. Was gehört dazu, dass die Vorstellung der Einheit Etwas bedeute?

Bleiben wir noch bei der Einheit des weissen und schwarzen Punktes. Diese Einheit ist, wie eben gezeigt, keine wirkliche Einheit, weil sie sich von keiner andern Einheit unterscheidet. Dies ist aber nicht der rechte Grund, warum sie sich von nichts Anderem unterscheidet. Um sich von Anderen zu unterscheiden, muss sie überhaupt erst da sein. Nun ist sie aber nicht da, und kann nicht da sein, weil die Bestimmungen, welche ihre Einheit bilden sollen, sich gegenseitig ausschliessen oder einander widersprechen. Das Grau, dessen wir oben nur deshalb erwähnten, um der Vorstellung der unendlichen Einheit nachzuhelfen, ist nicht das Resultat von Weiss und Schwarz allein, sondern auch der schwarzen und weissen Körper, welche solche Punkte bilden. Weiss als das Gegentheil von Schwarz, schliesst dieses absolut aus, wie das Licht das Finster, daher auch da wo keine Luft ist, das Grau des Dämmerlichtes fehlt.

Nehmen wir nun zwei Bestimmungen, die sich nicht ausschliessen, sondern in einander bestehen können, z. B. weiss und riechend. Gibt es nun ein riechendes Weisse oder ein weisses Riechende, das nichts weiter als solches wäre? Nein. Es muss wohl auch hart oder weich sein, eine gewisse Gestalt haben, irgendwie schmecken und sich hören lassen können, kurz es muss allen fünf Sinnen mehr oder weniger entsprechen, um als Etwas wahrgenommen zu werden. So erst ist das Ding (sei es auch nur Ein Punkt) ein Etwas, das sich nicht blos im Gedanken als ein gewisses Etwas, sondern auch sinnlich als dieses Etwas begreifen lässt. So nämlich wird es von allen lebenden Wesen als irgend ein ausser ihnen also im Raume wirklich

Daseiendes und von Anderem als anderes ausgeschiedenes
Etwas unterschieden.

Solchergestalt wären aber die daseienden Dinge nur
für die mit Sinnen begabten Wesen unterschieden, da sich
die Dinge doch sowohl in sich als auch unter einander
unterscheiden, was sich einerseits als Veränderung an ihnen
selbst, anderseits als Veränderung unter ihnen, als allgemeine Bewegung kundgibt. Gerade unsere Sinne nehmen oft Unterschiede nicht wahr, wo solche sind, und
zeigen uns oft Unterschiede an, wo keine sind; so nehmen
wir ungleiche Entfernungen für gleiche und umgekehrt,
ein und dasselbe Wasser erscheint uns kalt und warm,
nachdem wir vor dem Eintauchen die eine Hand gewärmt,
die andere gekühlt haben. Die Unterschiede sind also
unabhängig von unsern Sinnen. Was ist es nun, das diese
Unterschiede ausmacht, wenn nicht eben auch Sinn?

Diese Unterschiede sind im Allgemeinen innere und
äussere Bewegungen der Dinge, die sich sämmtlich auf
Anziehung oder Abstossung reduciren lassen. Was zieht
sich nun an und was stösst sich ab? Zunächst sollten wir
nach unserer subjectiven Erfahrung meinen, dass gleich
und gleich sich auch unter den äussern Dingen gern ge-
selle, indess lehrt uns die objective Erfahrung, dass Gleich-
namiges sich abstösst und Ungleichnamiges sich anzieht.
Letzteres geht so weit, dass endlich geradezu sich wider-
sprechende Bestimmungen, wie das Positive und Negative
des Magnetismus und der Elektricität, sich dem Denken
als gewisse Einheiten aufdrängen, die freilich in der äussern
Erfahrung nicht so unmittelbar wie im Denken sind, sondern durch andere Einheiten vermittelt erscheinen. So
sind die unter die Eine Kategorie des Lichtes fallenden
Bestimmungen von schwarz und weiss oder eigentlich von
finster und hell an die Einheit des Körpers als irgend eine

Farbe gebunden, so überhaupt das in eine Kategorie (Qualität, Begriff) fallende Negative und Positive an allerlei andere einschlägige Gegenstände, wie der Magnetismus an das Eisen. Ueberlegen wir genau, was wir durch die Sinne wahrnehmen, so zeigt sich, dass die in die einzelnen Sinne einschlagenden Wahrnehmungen sowohl, wie auch die mehren Sinnen gemeinsamen, sich innerhalb unendlich extremer, hiemit sich widersprechender Bestimmungen bewegen, welche, eben durch den Widerspruch nothwendig auf einander bezogen, dem Denken eine gewisse Ein heit geben. Als solche sind sie wegen der contradictorischen Beziehung, — jede solcher Bestimmungen aber für sich genommen, wegen der mangelnden Scheidung (sofern das Eine die einfache Negation des Andern ist), Nichts. Jede solcher Bestimmungen ist daher auf einen metaphysischen Punkt zurückzuführen, die dadurch physische Punkte werden, dass je zwei solcher Bestimmungen sich durch eine dritte ihnen fremde Bestimmung zu einem Paare vermitteln, und eigentlich, da alle solche Bestimmungen in letzter Auflösung die Sinne betreffen, dass sich ein Sinn durch den andern vermittelt. Hienach würde zu einem wirklichen Punkte das Zusammensein mehrer, wenn nicht aller Sinne gehören.

Jede unserer sinnlichen Wahrnehmungen führt, wie gesagt, auf extreme Bestimmungen zurück, die als gewisse Einheiten immer nur einen Sinn und zwar in einem gewissen Sinne (Bedeutung) betreffen. So betrifft die Einheit des Lichtes den Gesichtssinn entweder als eigentlicher Lichtwahrnehmung mit den extremen Bestimmungen von licht und finster, oder als Farbe mit: weiss und schwarz oder hell und dunkel, — oder als Lichtempfindung mit: blendend und düster oder glänzend und trüb u. s. f.'*) Wenn das Auge auch andere in die Sphäre des Lichtes nicht einschlägige Bestimmungen wie nah und fern, hoch und tief, stark und schwach, lustig und traurig u. dgl. mitunterscheidet, so liegt hier ein Schluss zum Grunde, der zu der Lichtwahrnehmung Wahrnehmungen aus der Erfahrung anderer Sinne hinzufügt.

Weil solche Bestimmungen sich nothwendig ausschliessen, so setzen sie einander auch voraus. In dieser nothwendigen Voraussetzung sind sie gewisse Einheiten, deren Eine Parität zunächst darin besteht, dass die Glieder der Einheit sich widersprechen, daher zwar nicht die Sinne, umsomehr aber das Denken betreffen. Der Widerspruch ist das Sicherste und Gewisseste, das wir in der Objectivität haben, er ist objectiv so gewiss, wie unser Ich subjectiv gewiss ist. Der Widerspruch kommt uns so unmittelbar oder a priori, wie das Ich, wenn auch nicht so willkommen wie das Ich. Er ist ein ungebetener Gast, den wir nicht unbeachtet lassen dürfen, ohne Schaden zu nehmen. Er ist das „unendliche Urtheil" des principiellen Nichts, das in sich gebrochen, als die „immanente Negativität der Unendlichkeit", oder unmittelbare Selbstnegation des Nichts nicht eine Einheit, sondern Einheit in jedem Punkte, absolute Positivität ist."*)

---

*) So, meint man, sind die Bestimmungen im Gegensatze, nicht im Widerspruche, und nur Gegensätze, nicht Widersprüche vermitteln sich. Hiernach vermitteln sich licht und finster, nicht aber licht und nichtlicht, finster und nichtfinster, in welcher Formel allein der Widerspruch liegen soll. Die Willkürlichkeit dieser Unterscheidung liegt auf der Hand und hat darin ihren Grund, dass man nicht weiss, was mit der thatsächlich vorhandenen Vermittelung widersprechender Bestimmungen zu machen sei. Da soll denn ein Wort für das andere aushelfen.

**) Kant sagt in seiner Logik: „In verneinenden Urtheilen afficirt die Negation immer die Kopel; in unendlichen wird nicht die Kopel, sondern das Prädicat durch die Negation afficirt, welches sich im Lateinischen am besten ausdrücken lässt." In der That hat der Satz: album

Die extremen Bestimmungen als den sinnlichen Wahrnehmungen nothwendig vorausgesetzt, sind nicht für die
Sinne, sondern nur für das Denken erreichbare Einheiten
oder Wahrheiten, die als solche den logischen Grundsätzen
der Identität, des Widerspruches und des Grundes voll-
kommen entsprechen. Denn: A ist gleich A, aber A ist
nur dadurch gleich A, dass A dem A (sich selbst) entgegengesetzt ist, und es ist sich nicht vollends mithin nicht wahr-
haft entgegengesetzt, wenn es sich nicht contradictorisch
entgegengesetzt ist. A wäre dann gleich — A, was ein
Widerspruch und zwar der Widerspruch unserer extremen
Bestimmungen ist, der sich aber dadurch behebt, dass das
negative (contradictorische) Moment in dem Satze A—A

---

non est nigrum, eine andere Bedeutung als der Satz: album est non
nigrum. Im erstern wird auf die gegebene in sich identische Bedeutung des Subjectes reflectirt, wobei das Gegensätzliche nur zur bessern
Hervorhebung dieser Bedeutung hingeworfen wird, wie wenn man sagt:
Geld ist Geld und kein Tand; die Kopel wird hier von der Verneinung
afficirt, weil sie eigentlich nicht nöthig ist. Im letzteren Satze dagegen
wird auf die unendliche Bestimmbarkeit des Subjectes reflectirt, welche
nach Verneinung eines bestimmten Prädicates übrig bleibt: non nigrum,
ergo quale? quidnam est non nigrum? — Es ist dies keineswegs ein
blosses Wortspiel, da wir solches allen Ernstes bei jedem Gegenstande
vornehmen, der uns neu und fremd ist. Wir begnügen uns da nicht
mit der ersten besten, zufälligen Seite der Erscheinung, z. B. mit der
Bestimmung weiss, sondern wir wollen an dem fremden Gegenstande
nach Thunlichkeit alle sonstigen (an und für sich unendlich möglichen)
Eigenschaften als wirklich gesetzt wissen, und wir untersuchen, ob der
Gegenstand nicht riecht, schmeckt, klingt, bricht, schmilzt u. s. f., indem wir so das Gegentheil des blossen Scheines und eigentlich des
Nichts zu erweisen suchen, was er wäre, wenn er als nichts weiter denn
weiss sich erwiese. Ganz so verfahren wir mit dem unendlichen Nichts,
der sich als Anfang oder letzter Grund des Seins aufdrängt, indem wir
argumentiren: Nullum (infinitum) est, ergo: nullum est non nullum.
Quid est non nullum? Unum et omne.

Ausführliches über das Princip der Negativität nach Hegel enthält des Verfassers: Kraft und Stoff. Berlin bei Elwin Staude. 1873.

aufgehoben wird. Betrachten wir diesen Satz als mathematischen Ausdruck der Subtraction und vollziehen wir
diese, so erhalten wir A+A. Dies ist nun nicht mehr die
frühere unbegründete Identität, sondern die Identität des
Grundes und der Folge, was aus dem Nachfolgenden er-
hellen dürfte.

Die extremen Bestimmungen bestehen als Einheiten
nur dadurch, dass eine an die andere nothwendig erinnert, also nur in der Form denkender Beziehung oder in
der Substanz des Denkens, somit wie dieses in blosser Zeitform besteht. Hier, nur durch ihren immanent innern
Gegensatz (Reflexion in sich) sich unterscheidend, sind sie
zunächst nur in dem formalen Verhältnisse von Grund
und Folge, nicht in dem materialen von Ursache und
Wirkung. Da der Gegensatz ein unendlich extremer ist,
so ist das Verhältniss ein nichtiges, oder die blos interne
Zeitfolge desselben gibt der externen Folge, der Wirkung,
nicht Raum.

Nach Hegel ist erst „das Auch dasjenige, was in der
äussern Anschauung als Raumausdehnung vorkommt." Dies
ist augenfällig an den sogenannten Perspectiven oder Ver-
kürzungen guter Zeichnungen und Gemälde, wo z. B. ein
der Länge nach ausgestreckter und ein der Tiefe nach dem
Beschauer entgegen gestreckter Arm eine ganz gleiche
Raumvorstellung gibt, obschon der Arm im letztern Falle
eine vielfach kleinere Fläche der Zeichnung erfordert, als
im erstern. Indem der Arm in beiden Fällen dieselben
Verschiedenheiten seiner Oberfläche wie seiner Umgebung
in den entsprechenden Verhältnissen aufweist, bringt er den
Schluss auf einen gleichen Raum und damit auch den Eindruck des gleichen Raumes hervor; die Erscheinung
identificirt sich mit dem Gedanken. Dies ist nun
freilich bei der Betrachtung des Gemäldes eine Täuschung,

aber das Räumliche ist eben nicht das Wesentliche, sondern das Erscheinungmoment des wesentlichen Etwas der Dinge, das immer ein Gedanke ist. Wo jedoch nur homogene Modificationen eines und desselben Gedankens, d. i. Begriffes sind, da besteht kein rechtes Maass, das ja immer etwas Anderes sein muss als das Gemessene, — mithin auch nichts recht Vorstellbares oder Räumliches; es gibt den Eindruck eines Unbestimmten, das, wenn es nicht wenigstens von der Umgebung als etwas Besonderes abgehoben wird, der räumlichen Vorstellung widerstrebt; man versuche es, nichts anderes als Gras, als Thiere, dicht an einander ins Unendliche sich vorzustellen. Raphael hat seine Sixtinische Madonna absichtlich mit den vielen Engelsköpfen umgeben, um den Ausdruck ihrer unendlichen Göttlichkeit zu erhöhen. — Nur das Zusammen heterogener Bestimmungen gibt die concrete Gestaltung des Raumes und damit eine dem Begriffe entsprechende Vorstellung, wie etwa die Concretion von roth, wohlriechend und rund, die Vorstellung einer Rose; hiebei sei bemerkt, dass die Gestalt (das Runde) als einfacher Einschlag eines Sinnes (des Getastes, des Gefühls) noch keine eigentliche Raumvorstellung gibt, da jede Gestalt in das unendlich Kleine wie Grosse, mithin in Nichts gezogen werden kann. In der denkenden Beziehung verschiedenartiger Momente liegt allein das Geschiedene, Unterschiedene, Theilbare und damit der Raum, der als solcher und nichts weiter nur durch die Bewegung der Zeit zu messen ist und damit erst entsteht, welche Bewegung die reine Bewegung des Denkens oder des wahren Etwas der Dinge ist. Die Theilbarkeit geht in der That ins Unendliche, dieses ist aber nur Gedanke. Das Atom als blosser Punkt ist ein blosser Gedanke, und es ist eine müssige Frage, ob im Gedanken oder zwischen Gedanken etwas räumlich Theilbares be-

stehe. Aber der wahre Gedanke kehrt den ihm als blossen
Gedanken anhaftenden Widerspruch des Seins und Nichtseins unmittelbar zur Wirklichkeit des Grundes und der
Folge, welche als Ursache und Wirkung erscheint, und damit beginnt die räumliche Theilbarkeit. Der Widerspruch
ist das Aufgehoben-Sein der Wahrheit und Wirklichkeit.

Wenden wir uns nun zu unsern extremen Bestimmungen, oder wie wir sie benennen können, zu den vorausgesetzten Grundsätzen der Sinne zurück, so liegt, wie
wir wissen, ihre gewisse Einheit in der nothwendigen Beziehung derselben auf einander als contradictorischer Momente. Sie geben so die Einheit und Gewissheit der begrifflichen Abstraction, welcher, bei der Ausscheidung
des Nichtgemeinschaftlichen vom Gemeinschaftlichen einer
Bestimmung, stets das contradictorisch Entgegengesetzte
als Grund dient; Pflanze ist alles der Pflanze Aehnliche,
das nicht eben Nichtpflanze ist; auf diesen Grund hin ist
z. B. dieser einzelne Baum das Allgemeine der Pflanze,
E — A. Der hier gegebene Widerspruch der Einheit des
Einen und Vielen löst sich dem Verstande dadurch auf,
dass er dabei die concrete Einheit von der abstracten
unterscheidet, und sich praktisch nur an die erstere hält,
woran er ganz recht thut, wenn er die Abstraction nicht
zu dem erbärmlichen Spiel missbraucht, das man „die
wiedergeborene materialistische Philosophie" zu nennen
beliebt.

Abstracte Einheiten existiren nur im Denken, und werden deshalb nur im innern Sinne der Vernunft vernommen
oder begriffen, nicht aber im Sinne der äussern Sinne ergriffen oder verstanden. Sie sind in sich identische, weil
unendliche Subjecte, und nicht Subjecte von Prädicaten, die
sich als ein wesentlich Anderes modi- oder specificiren,
darin sie als in einem äussern Anhaltspunkte begründet

oder als in ihrem zureichenden Grunde endlich verstanden wären. Das ist der Unterschied, welchen Trendelenburg rücksichtlich des kategorischen und hypothetischen Urtheils heraushebt, dass nämlich im erstern das Prädicat die Causalität des Subjectes als inhärirend, im letztern dagegen als strenger hervorgehoben darstellt. Im erstern wird das Einzelne dem Allgemeinen gleichgestellt, welchem als Unendlichem alles Besondere inhärirt; in letzterem aber wird es dem Allgemeinen bedingungsweise, somit nicht als Unendlichem sondern als Besonderem, mit Reflexion auf andere Allgemeinheiten gleichgestellt. In dem kategorischen Urtheile: Dieses hier ist eine Pflanze, ist die Causalität des Subjectes als inhärirend vorausgesetzt, ohne dass die Natur der Inhärenz in Frage gestellt würde; das Subject ist in der Bestimmung Pflanze, als einem in sich identischen, in sich selbstverständlich begründeten, ewigen, unendlichen Wesen dargestellt, — selbstverständlich, weil hier das Denken sich unmittelbar selbst versteht, ohne danach zu fragen, ob es dazu berechtigt sei. Wenn hingegen das kategorische Urtheil in die Form des hypothetischen: Wenn dieses hier eine Pflanze ist, so — versetzt wird, so wird die Causalität des Subjectes als etwas ausser der Pflanze Bestehendes, ja es wird die Causalität der früher als selbstverständlich hingenommenen unendlichen Substanz der Pflanze hervorgehoben oder in Frage gestellt. Wenn dieses hier eine Pflanze ist, so muss es wohl aus einem Samen an diesem Orte gewachsen sein, denn Pflanzen sind organische Wesen, die aus Samen hervorwachsen. Woher und was ist nun der Same, woher und was sind organische Wesen? u. s. f. Im hypothetischen Urtheile ist die Causalität gewöhnlich in dem Sinne strenger hervorgehoben, wie man sie eben kennt und braucht, es ist dabei die nächste Ursache (causa) gemeint; braucht man aber mehr, so genügt nicht das nächste Beste, da es dann die Causalität an sich selbst ist, welche in Frage gestellt ist, was leider „die wiedergeborene materialistische Philosophie" übersieht. Dieser kann freilich das nächste Beste genügen, da ihr ja die ewige, unsterbliche Materie mit dem Zufalle alles gemacht haben. Der Causalität, welche nicht recht Materie sein will, lässt diese Philosophie durch den Zufall den Kopf abschneiden. Und zur Erlangung dieses elenden Rumpfes soll, wie man es jetzt so häufig zu lesen und zu hören bekommt, die Fackel der Wissenschaft geleuchtet haben. Das ist die Fackel des wissenschaftlichen Abschaums, nicht die reine Leuchte der wissenschaftlichen Idee!

Als gewisse Einheiten müssen sich die vorausgesetzten Grundsätze der Sinne irgendwie bewähren oder wirklich setzen. Dieses Wie liegt darin, dass sich die contradictorischen Glieder jeder solchen Einheit für sich, mit andern solchen Einheit derart combiniren oder specificiren, dass sie als sinnlich geschiedenes Eins und Zwei mithin als räumliche, poröse Einheit erscheinen, in der die zu den zwei contradictorischen Gliedern hinzutretende fremde Einheit oder ihrerseits für sich bestehende Begriffsbestimmung sich als Ursache oder Realgrund geltend macht, und so den von der ersten Einheit vom Hause aus mitgebrachten, ihr inhärirenden Formalgrund ergänzt. Dieser Formalgrund bestand in der ebenso nothwendigen als (der Erscheinung nach) nichtigen Beziehung contradictorischer Bestimmungen, welche durch das Dazwischentreten des Realgrundes polarisirt, als eine ebenso in sich selbst wie durch Anderes begründete Einheit erscheinen, womit sowohl der kategorischen Voraussetzung als der hypothetischen Setzung des urtheilenden Denkens Recht geschieht. Die gewisse Einheit wird bestimmte Einzelnheit.

Der Formalgrund ist in sich selbst begründet, aber der Erscheinung nach nichtig, weil er auf einem Widerspruche, der contradictorischen Beziehung beruht. Er gibt seiner Folge nicht Raum, oder seine Folge ist keine Wirkung. Erst durch das Hinzutreten des Realgrundes wird er Wirkung, und erscheint im Raume als wirkliches Eins und Zwei. Woher kommt ihm der Realgrund oder die Ursache? Um dies zu wissen, müssen wir wieder den Formalgrund der Ursache kennen lernen.

Wir sehen es an jedem einzelnen Dinge, dass es als Begriff eine abstracte Einheit ist, die hier nur dadurch besteht, dass sie durch andere solche Einheiten näher modi- oder specificirt ist. Dieser Baum ist Pflanze. Pflanze im Allgemeinen ist aber Alles was nicht eben Nichtpflanze ist. Dieses Alles ist ein Unendliches und mithin Nichts, wenn es nicht durch Anderes begrenzt und damit näher bestimmt wird. Der Baum nun ist Pflanze weil er 1) nicht Nichtpflanze ist und weil er 2) diese und diese besondern Eigenschaften hat, die keiner andern Pflanze als nur dem Baume zukommen. Was ist nun der Grund, dass die Pflanze so noch besonderer Bestimmungen braucht, um irgendwo zu existiren, da sie doch an und für sich ein ewig nothwendiges Sein, eine gewisse Einheit ist, — kurz, was ist der Grund der Ursache?

Die Ursache äussert sich als Wirkung im Raume. Der Grund des objectiven Raumes liegt, wie gezeigt, in der nothwendigen Beziehung der an sich raumlosen Punkte auf einander, indem sie Etwas, und zwar jeder Punkt etwas Anderes, sind. Darin liegt nämlich der vorhin gesuchte Sinn der Punkte, ihre sinnliche Wahrnehmung oder Bedeutung. Durch die Beziehung wird auf den Raum ge - schlossen, ebenso von uns, wie vom Sinne (der Bedeutung) der Dinge. Raum an und für sich ist nichts.

„Sagt man, er ist etwas Substantielles für sich, so müsste
er wie ein Kasten sein, der, wenn auch nichts darin ist,
sich doch als ein Besonderes für sich hält." (Hegel. Encyklopädie.) Der Sinn ist es, der den Raum durch seine an
ihm seiende denkende Zeitbewegung macht. Die Brücke,
mittelst deren der objective Sinn mit unserm Sinnen verkehrt, ist der Begriff, den wir ebenso objectiv antreffen,
wie wir ihn subjectiv bringen. Wäre er nicht anzutreffen,
so wäre jene Nothwendigkeit nicht da, die uns zwingt,
uns nach ihm einzurichten, brächten wir ihn nicht, so könn-
ten wir ihn nicht als unsern erkennen und sohin mit unserem Worte fassen. Die Irrungen, die unsere Sinne in
Folge ihrer Unzulänglichkeit oder unserer Willkür, in die
Begriffe hineinspielen, berichtigt unser Nachdenken schliesslich mit Hilfe des den Gesetzen der Denknothwendigkeit
·stets gehorsamen Sinnes der Objectivität. Der Grund dieser
zwingenden Zuflucht unseres Denkens zur Logik objectiver
Thatsachen ist der, dass die unendliche freie Bewegung
der letztern nur die in sich selbst begründete nur von sich
abhängige Thätigkeit der Denknothwendigkeit ist, während
wir die Freiheit oft gern ausser der Denknothwendigkeit
suchen, indem wir nicht bei dieser, bei der Vernunft, unserem eigensten Wesen frei verbleiben, sondern uns von
Einflüssen treiben, beherrschen lassen. Der Grund jener
wahren Freiheit der Objectivität ist wieder der, dass sie
den Widerspruch des Seins und Nichtseins, der sie, als
Denken, ist, dadurch überwindet, dass sie als ewig an sich
seiende Thätigkeit des Denkens in sich reflectirt, das Nichts
ihres Widerspruches negirt, in jedem Punkte negirt, mithin
in jedem Punkte als jenes Etwas erscheint, das ein be-
stimmter vernünftiger Gedanke und darin das Denken
selbst ist.

Die Form, unter welcher wir den principiellen Wider-

spruch in der Objectivität kennen lernen, ist der Begriff,
das specielle Instrument des Denkens, das bei der sinnlichen Unterscheidung der Gegenstände und Erscheinungen
von einer Bestimmung bis zur ausschliessend entgegengesetzten geht. In diesem Verfahren liegt kein Widerspruch, sofern die Unterschiede als getrennt vorausgesetzt
und auch getrennt vorgefunden werden. Der objective
Widerspruch liegt darin, dass die Unterschiede, namentlich
die ausschliessenden, als Eins und Dasselbe vorausgesetzt
und gefunden werden. Der Satz der Identität ist ein Beweis,
dass dies ja der Fall ist. Wenn wir oben den negativen Ausdruck dieses Satzes, A — A, auf den Ausdruck A + A ge-
bracht haben, so haben wir damit die ebenso vorausgesetzte
als vorgefunden gesetzte Identität des Dinges mit sich selbst,
A — A, nicht aufgehoben, sondern nur die darin liegende
sinnlose Tautologie behoben, die am Ende nichts weiter
besagt als: Holz ist Holz. Letzterer Satz hat nur dann
einen Sinn, wenn Holz auch nicht Holz ist, denn so nur
ist es nicht nichts, nämlich nicht blos die abstracte unendliche Bestimmung Holz und nichts weiter, was im Grunde
nichts ist, da es sich von nichts unterscheidet. Nicht
Nichts ist das Holz, wenn es in der Einheit mit sich oder
in der Reflexion in sich auch eine Zweiheit, ein durch Anderes näher bestimmtes Allgemeine oder Ansichsein ist.
Die Abstraction der Einheit oder Identität eines Dinges
mit sich allein, in seiner substantiell subjectiven Bedeutung
(seinem Ansichsein) genommen, ist in der That nichts als
ein leerer Gedanke, wenn sich die Abstraction nicht als
inhärente (immanente) Subtraction dieses Leeren, Negativen,
und so als Bruch des Nichts vollzieht. Dies ist nun ein
ganz objectiver, von unserer Abstraction ganz unabhängiger
Vorgang, es ist, wie es Hegel nennt, die „Mechanik der
Negativität", die darin besteht, dass jede Abstraction als

Unendliches und hiemit Leeres und Negatives sich selbst
negirt, indem es als objectiver Sein-Gedanke in sich reflectirt ist. So ist es sich entgegengesetzt, A—A, und
gleich, A — A, indem das negative Moment der Ent-
gegensetzung — A als gesetzter Ausdruck der Subtraction
sich auch wirklich vollzieht, was den Ausdruck A + A
gibt. Dies vollzieht jedes Ding, indem es der wirkende
Gedanke dessen ist, was es vorstellt; dies vollzieht jeder
von uns, indem er sich als Ich denkt, welches nicht allein
das negative Ich des blossen Gedankens, sondern auch das
persönliche Ich ist.

Die materialistische Philosophie vermeint dem Grund-
satze der Identität: „Setze nur Uebereinstimmendes",
strengstens zu entsprechen, indem sie behauptet, das Ding
sei nur die Summe materieller Functionen oder Kräfte, die
eben nur Materie sind, — dass sohin z. B. das Holz nur
eine Zusammensetzung von Kohlen-, Wasser-, und Sauerstoff sei. Sie schneidet wie der Causalität, so dem Dinge
den Kopf ab. Kohlen-, Wasser- und Sauerstoff geben
aber, wie die Chemie beweist, bei ganz gleichen Gewichts-
mengen nicht nur Holz, aber auch Zucker und Stärke.
Dieser Unterschied soll dann die Wirkung einer verschie-
denartigen Stellung oder Reihung der Atome sein. Was
ist aber diese verschiedenartige Stellung anderes als eine
verschiedenartige Beziehung, folglich ein Denken, das der
Zusammensetzung den maasgebenden Sinn hinzufügt?

Das Ding ist gewiss zunächst nichts anderes als was
es ist: Holz ist Holz. Dies will heissen: der Begriff Holz
ist eine gewisse, aber negative Einheit, — E, welcher durch
Subtraction des negativen Moments das positive Moment
der Prädicate zukommt. Dies kommt daher, dass der Begriff die — gewisse — Einheit ausschliessend entgegen-
gesetzter Bestimmungen ist, die nämlich an sich selbst von

einer Bestimmung bis an deren Gegentheil geht, welches
Gegentheil, ihre Negation, ihr Nicht-Sein, mithin ihre
Grenze, die nothwendig gegebene Grenze ihrer Unendlichkeit und hiemit das A n d e r e ist, wodurch ihr Wesen bestimmt wird zu erscheinen, oder welches als seine U r -
s a c h e erscheint. Diese Ursache hat aber darin ihren
nothwendigen Grund, dass die Einheit eine dem Denken
gewisse, nothwendige Einheit ist, die erscheinen muss, w e i l
s i e i s t, weil sie in sich entgegengesetzt und zwar unendlich entgegengesetzt oder reflectirt ist, mithin der reine
Seingedanke ist, der sich so a b s o l u t n e g i r e n d, die in
sich begründete Thätigkeit ist, welche nicht Nichts, nicht
das reine Sein des Seingedankens, sondern auch das Dasein der Seinerscheinung, mithin auch jenes Andere des
Grundes ist, das als U r s a c h e es bewirkt, dass die Einheit
des Begriffs (des allgemeinen (Welt-)Ganzen oder ihrer
Besonderheiten) erscheint. „Die Negation ist der Grund
der Ursache." (Hegel. Lógik.)

So wird die Substanz des begrifflichen Subjectes als
W e s e n durch Prädicate bestimmt, die als Ursachen des
wesentlichen Seins des Subjectes mithin im Gegensatze
zum Subjecte sich geltend machen, so dass das Subject für sich
den Prädicaten gegenüber besteht. Sei das begriffliche Subject —E, und seien dessen Prädicate (mit Rücksicht auf
dessen unendlich mögliche Bestimmbarkeit —V—V u. s. f.
(d. h. Unendlichvieles), so kann das begriffliche Subject
oder das ansichseiende Etwas des Dinges durch die Formel
— E + (— V — V u. s. f.) — A ausgedrückt werden.*) Dieses
A ist dann die in der Objectivität vorausgesetzte vernünftige,
oder wie es Hegel in seiner Logik nennt, „concrete All-

---

*) Vergl. des Verfassers Dialektische Briefe, dritten Brief, über die
Mathematik der Kant'schen Kategorien. Berlin, Nicolai's Verlag.

gemeinheit", die ohne Widerspruch der Einzelheit gleich-
gesetzt werdenn kann, wie dies in der Urtheilsformel E — A
geschieht, wo das einzelne Ding nicht als starre Identität
mit der Allgemeinheit, sondern als die Einheit des logischen
Processes gedacht wird, der es bewirkt, dass der Begriff
nicht die starre Einheit contradictorischer. Bestimmungen,
sondern eine stetige Metamorphose und damit immer und
überall ein Einzelnes ist, das, eben als Begriff, sich stets
verändert. Die Materialisten setzen dagegen gradezu den
starren Widerspruch: das Eine ist das Viele, und das Viele
ist das Eine; der Baum ist ihnen Pflanze, nicht weil dem
Begriffe Pflanze unter andern auch die Eigenschaften des
Baumes zukommen, sondern weil das Zusammen der
Eigenschaften des Baumes Pflanze sein soll. Man sieht,
dass dies ein kopfloses Ding ist. Alle Achtung vor den
glänzenden Ergebnissen materieller Untersuchungen, leider
wird aber der Glanz dieser Ergebnisse dazu misbraucht,
der staunenden Menge Behauptungen aufzutischen, welche
die Prüfung formeller Untersuchungen nicht bestehen.

„Die Negation ist Grund der Ursache." Negiren ist
entschieden ein Act des Denkens. Wo ein Gegenstand im
sinnlichen Unterschiede mit andern oder mit sich selbst (in
der Veränderung seiner Erscheinung) ist, da müssen auch
die dem Unterschiede zum Grunde liegenden Begriffe da sein,
wodurch die Dinge einerseits getrennt, anderseits (in einem
höhern Begriff generell) vereinigt werden. Wo die Begriffe
sich lebendig durchdringen, da haben die Unterschiede ihren
Ursprung. Denn wie Hegel in seiner Encyklopädie sagt:
„Die Natur ist ein System von Stufen, deren eine aus der
andern nothwendig hervorgeht, und die nächste derjenigen
ist, aus welcher sie resultirt; aber nicht so dass die eine
aus der andern natürlich erzeugt würde, sondern in der
innern, den Grund der Natur ausmachenden Idee. Die

Metamorphose kommt allein dem Begriffe als solchem zu, da dessen Veränderung allein Entwickelung ist," indem er von irgend einer Bestimmung ausgehend sich sogleich auf deren Gegentheil bezieht, worin er die Grenze der ersten Bestimmung und zugleich die andere findet, welche die erste näher d. i. als daseiend bestimmt. So ist die Welt in der That, wie Trendelenburg will, eine „organische Wechselwirkung von Begriffen," und dies ist es auch, was Hegel unter dem „immanenten Fortschreiten" oder der „dialektischen Entwickelung des Begriffs" versteht.

Die erste aller Bestimmungen, der absolute Anfang, ist das Sein jenes unendlichen Nichts, das wir nicht nur ausser uns voraussetzen, aber auch an unserem Denken unmittelbar finden. Es ist das unendliche Nichts, das in seinem Gegentheile, dem Sein, jenes sein Andere ist, das wir die Welt nennen, die nicht ein Fremdes, sondern unser eigenstes Wesen ist, die sich an unserem Denken ebenso wärmt und sonnt, wie wir an ihrem Centralgestirne. Der Gedanke ist der Mittelpunkt, um den die Unendlichkeit kreist und wirbelt, der Gedanke ist das Gewicht, das hier als Anziehung, dort als Abstossung wirkt. „Wenn die Materie das erreichte, was sie durch die Schwere zu erreichen sucht, so schwitzte sie in einen Punkt zusammen." (Hegel Encyklopädie.) Aber der Gedanke treibt sie mit der Wucht seiner unendlichen Centralkraft von Punkt zu Punkt als ewig neue Erscheinung, seines Wesens, der Idee, Gottes. So ist das Unendliche das Schauen des Lichtes, das in jedem Punkte als in seinem Gegentheile und Anderem zunächst der finstere Stoff ist, von dem das Licht reflectirt wird, dann aber von Punkt zu Punkt anders bestimmt, jene Fülle von Einzelnheiten ist, welche die Welt ausmacht.

Ist das Licht der erste allgemeine Seinsgedanke, so findet er als die noch „immaterielle Materialität" seine Grenze in der Bestimmung des Finstern als finstern Stoff, der ihn reflectirt, selbst aber auch als eine Art oder Modification des Lichtes, nämlich farbig, erscheint. Auch schwarz ist noch eine Farbe, da es gesehen wird. Ob die Farbe durch mechanische Aufsaugung des Lichtes oder durch mechanische Zusammensetzung von Licht und Finster erzeugt werde, ist auf dem Wege der Erfahrung noch unentschieden. Wichtige Gründe sprechen gegen Beides. Das Starre des zunächst nur als punktuell vorauszusetzenden Stoffes findet seine Grenzbestimmung in der verflüchtigenden Bestimmung der aetherischen Luft welche ihrerseits, als „das schlechthin Corrosive und der Feind des Individuellen," vom Lichte als der offenbarenden, setzenden Macht, durchzittert und durchwärmt, das Feuer ist, das als „different gesetzte Luft" sich zum Dunstkreise und endlich zum Wasser neutralisirt und absetzt. Das Wasser, als „das Element des selbstlosen Gegensatzes, das in sich Gestaltlose," aber „die Mutter alles Besondern," geht zum „Krystall der Erde" dem „Knochengerüste des Lebens" über. Die Erde, als das Todte, bedingt das objective Leben der Vegetabilität und Animalität, diese das subjective Leben des Gedankens in der Form der selbstbewussten Anima.*)

Jede so durch ihr Gegentheil als ihr selbstständig Andere bedingte und in ihrer Unendlichkeit absolut begrenzte allgemeine Bestimmung verhält sich in dieser Begrenzung als Besonderes oder als Artbegriff, der, als selbstständige Eigenheit eine unendlich mögliche Modification der in dieser Eigenheit allgemeinen Bestimmung, formell durch deren Gegentheil oder den widersprechenden Gegensatz seiner Eigenheit als deren Nicht-Sein oder deren selbstständiges Anderes-Sein abgeschieden und begrenzt wird.

---

*) Vergl. des Verfassers Kraft und Stoff. Ergänzungen. S. 154.

Diese absolute Grenze wird also für jede besondere Bestimmung durch deren Gegentheil als durch ihre „immanente
Negativität" unmittelbar gesetzt, worin die, von H e g e l so
bezeichnete „Identität des Daseins und der Grenze" (Logik)
d e r g e w i s s e n Einheit des Gattungsbegriffes liegt. Nach der
Seite der blossen Modification oder der blos w i d e r s t r e i t e n -
d e n Gegensätze, gibt es eine unmittelbare, nämlich die re-
lative Grenze, die, als Multiplication der widersprechenden
Gegensätze sich in jedem gegebenen Zeitpunkte als ein ge-
schichtliches und summarisches Produkt absetzt. Die widersprechenden Gegensätze, jeder für sich als negative Einheit betrachtet, geben nämlich miteinander multiplicirt,
immer nur Eins, jene g e w i s s e Einheit, die nicht erscheint,
wenn sie nicht auch Zwei ist. Aber diese Einheit ist, wie
gezeigt, auch Zweiheit; A das sich unbedingt gleich ist,
ist eben auch bedingt, indem es A + A ist. So hat die
Thierwelt sowohl nach der generellen als nach der speciellen
Seite hin Grenzen, die numerisch bestimmt werden können.
Die gegentheiligen oder widersprechenden Bestimmungen
erlangen so ihre Grenzen in generellen Abtheilungen wie:
Wirbelthiere und Wirbellose; die Wirbelthiere als kalt und
warmblütige, die Wirbellosen als Gliederthiere und glieder-
lose Bauchthiere u. s. f. Die speciellen Abtheilungen werden,
wenn sie nicht durch solche gegentheilige Bestimmungen
begrenzt sind, (im bejahenden Falle sind sie für sich wieder
generelle), in ihrer Multiplication zuletzt durch die Gegenwart beschränkt. Aber ausser der Erde gibt es noch andere
Weltkörper und die Gegenwart w a r t e t nur insofern, als
sie f o r t s c h r e i t e t, sie ist eben auch in jedem Augenblicke
ihr Gegentheil. Wie ist da eine andere Grenze zu denken,
als die durch den widersprechenden Gegensatz ewig gesetzt ist?

Die Natur bestätigt diese Grenze dadurch, dass sie

3*

zwischen Gattungen oder selbstständigen Arten gar keine, oder nur ausnahmsweise und auch da keine dauernden genetischen Zeugungen zulässt. Was wir als selbstständige oder Ober-Arten ansehen, sind bestimmt definirte physiologische Gattungsbegriffe, die ihre specifischen Unterschiede (Modificationen) innerhalb ausschliessender physiologischer Gegensätze entwickeln. Dem Raume nach erscheint diese Entwickelung als gegeben oder beschränkt, der Zeit nach hingegen als eine unendlich mögliche. Für Letzteres spricht die Erfahrung insofern, als innerhalb der Unterarten oder Geschlechter (races) bleibende Mischungen als sogenannte Spiel- oder Abarten (variations) unter unsern Augen entstehen und sich so vermehren. Wie ist dieser Widerspruch der Möglichkeit und Unmöglichkeit dann der Endlichkeit und Unendlichkeit der Mischung anders zu lösen, als dass die Action in eine Wechselwirkung der Begriffe als solcher d. i. in das reine, ansichseiende Denken verlegt wird?

Indem die nothwendige Beziehung jeder begrifflichen Bestimmung auf ihr Gegentheil, in dieses als wirklich Anderes übergeht, wird die Bestimmung nicht im Sinne von tollere, sondern im Sinne von conservare aufgehoben, sie wird durch poröse Auseinandersetzung polarisirt. Dieser materiell erscheinende Vorgang beruht aber auf dem formellen der Wechselwirkung der Begriffe, und der materielle Vorgang ins Formelle übersetzt, lautet wie folgt: Die blos gegentheilige Reflexion-in-sich der Bestimmung, die abstract oder formell nichts anderes bedeutet als den Gegensatz von Subject und Object, wird dadurch wesentlich bestimmt, dass das Gegentheilige der Reflexion-in-sich sich nothwendig unmittelbar in das Uebereinstimmende oder Verständige der Reflexion-in-Anderes verkehrt, da ja das Vernünftige der gewissen Einheit gegentheiliger Bestimmungen auch wirklich oder wirkend sein muss. So wird der Gegensatz des Subjectes und Objectes zum Gegensatze von Subject und Prädicat gemacht; es ist dies die Macht des ansichseienden Denkens, welches der sich unmittelbar und nothwendig zum Dasein aufhebende Widerspruch der Identität des Seins und Nichtseins, des Denkens ist.

Als blosse Reflexion in sich, ist jede Bestimmung ein blos metaphysischer Punkt, eine in sich unterschiedene, vorausgesetzte Gattung; als Reflexion in anderes, ist sie ein durch Anderes unterschiedener, specificirter, physischer Punkt, der sonach eine Sphäre von Modificationen irgend einer Bestimmung repräsentirt, welche Sphäre die vorausgesetzten (selbstständigen) Arten der Gattung sind. Gattung und Art, formell, als Allgemeines und Besonderes genommen, sind an sich unendliche Einheiten, die als solche sich zu Einer Einheit aufheben, welche Einheit, als unendlich, keine wirkliche Einheit ist. Wirkliche Einheiten sind Einzelnheiten. Indem nun die unendlichen Einheiten durch nothwendige Beziehung auf einander sich ordnend, ihre raumlose Einheit aufgeben, so berühren, gatten, zeugen sie sich als Einzelnheiten und zerreissen so die Eine Unendlichkeit in eine räumlich und zeitlich entwickelte Endlichkeit, die ihrem Grunde nach unendlich, der Erscheinung nach endlich ist. Welche ist die wahre Seite? Beide zusammengenommen. Denn die unendlichen Einheiten sind durch nothwendige Beziehung auf einander nicht blos mathematische Punkte, aber auch mathematisch negative Factoren, welche sich zu einem positiven Producte multipliciren, das immer eine Summe von Einzelnheiten ist. Auf diese Einzelnheiten „ist die existirende Metamorphose beschränkt", wovon später die Rede sein wird.

Die Wechselwirkung der Begriffe können wir uns als immanente Metamorphose, d. i. als ein unendlich bewegtes Ineinander von schwellenden und sinkenden Sphären vor-

stellen, welche insofern für sich bestehende Einheiten
bilden, als sie in einander sich durch ausschliessende (sub-
trahirende) Bestimmungen unterscheiden, indem die ausschliessende Bestimmung die Unendlichkeit oder Negativität ihrer Einheit beseitigt oder subtrahirt, was die
positive Setzung derselben als (qua) wirklicher zur Folge
hat. Diese Setzung ist die Setzung der positiven Arten,
welche die wirklichen Einheiten oder Einzelnheiten geben.
Ist nun die Multiplication der Arten zu den verschiedenen
Einzelnheiten eine Folge ihrer materiellen Complication,
oder jener immanenten, der rein begrifflichen Wechselwirkung? Wie ist diese zur wirklich objectiven Anschauung zu bringen? Ist dies überhaupt möglich? —.

Mag die Wechselwirkung der Begriffe im Unendlichen sich verlieren, immerhin besteht sie. Denn auch
im Unendlichen ist sie das Treiben des Einen Seingedankens, der sich stets verändert, und so immer jenes
Andere, Wirkliche ist, das in irgendwelchem Punkte seinem Endziele entspricht. Dieses Endziel und zugleich
die absolute Centralität des Unendlichen ist das reine
Sein des Denkens als Selbstbewusst-Sein, wo die
weitere Veränderung und Umgestaltung des Seingedankens insofern nicht nöthig ist, als er als, selbstbewusste
Seele bei sich und hiemit von allen Banden und Schranken
frei ist, und in dieser höchsten Zone des Daseins nur die
Aufgabe hat, der geistigen Welt neue Bausteine zuzulegen.
Um wirklich zu sein, muss der Seingedanke freilich auch
in dieser höchsten Form endlich sein, er muss enden, sterben, aber nur um den unendlichen Process wieder von
Neuem zu beginnen, um die ganze Evolution, vom Punkte
aus, von vorher wieder aufzunehmen. Das jüngste Ge-
richt der Geschichte hat es mit der Vergangenheit zu thun,
um ihr in der Zukunft gerecht zu werden.

II.

EMPIRISCHE SEITE.

Die Lehre von der materiellen Entwickelung der Arten aus einander, welche gegenwärtig in der sogenannten Darwin'schen Theorie gipfelt, hat ebenso viel Anhänger als Gegner, da sie ebenso bewiesen als widerlegt ist. Wir wollen in dieselbe hier so weit eingehen, als nöthig ist, um zu zeigen, dass unsere obige Auseinandersetzung eine Vermittelung zwischen dieser Lehre und der Hegel'schen Lehre von dem ewigen Bestehen der Erde und der Arten als dialektischer Grundunterschiede des Lebens denkbar macht.

Nach der Darwin'schen Transformations-Lehre hat sich die Verschiedenartigkeit der Pflanzen und Thiere im Laufe einer nicht zu berechnenden Zeit aus einem oder mehren Urtypen von Organismen (Protoplasmen, Modellen, Urzellen) allmälig entwickelt, und zwar 1) dadurch, dass im Kampfe der Individuen um das Dasein, sowohl der Individuen unter einander, als mit der umgebenden Natur, sich das Bedürfniss verschiedener Organe geltend machte, welches deren Entstehen bei einzelnen Individuen veranlasste, 2) dadurch, dass bei dieser Modification einzelner Individuen sich gewisse Grundunterschiede durch beharr-

liche Vererbung auf besondere Gruppen von Individuen
vertheilten, wobei die wieder durch das Bedürfniss der
Vervollständigung herbeigeführte instinctive Wahl der Gatten als eine natürliche Zuchtwahl erscheint. Beide
Momente, ineinander wirkend, ermöglichen auch jetzt noch
die Entstehung neuer Arten. Ein Beweis hiefür sollen die
Varietäten oder Spielarten sein, welche durch Kreuzung
von Rassen oder Abarten gewisser Hausthiere und Pflanzen
unter unsern Augen entstehen.

Auf die allgemeinen Einwendungen gegen diese Lehre,
dass nämlich dieselbe ein unsicherer Schluss aus der Analogie weniger und zwar sehr lückenhafter Thatsachen der
Vorzeit und Gegenwart sei, dass hier von der Möglichkeit
auf die Wirklichkeit, vom Unbekannten auf Bekanntes ge-
schlossen werde, dass wenn der organischen Formenbildung
kein anderes Gesetz als das des Bedürfnisses je nach zufälligen Umständen zum Grunde liegt, es streng genommen
keine Gattungen und Arten geben könnte, was doch den
Gesetzen der Logik und den Thatsachen der Natur wider-
spricht, — ist im Allgemeinen zu erwiedern, dass die
Gegner, wenn sie nicht zu dem immanenten Widerspruche
der Schöpfung zurückgehen wollen, die Entstehung der
Arten als eine unerklärliche Thatsache hingehen lassen
müssen.

Die besondern Gegengründe sind ungefähr folgende:
a) dass die bekannten lebenden Arten bis auf einige Spielarten seit historischem Gedenken, also seit fünf bis sechs
tausend Jahren, unverändert bestehen; b) dass die aus
Kreuzungen (métissages) von Rassen oder Abarten hervor-
gehenden Spielarten keinen Bestand haben, wenn sie der
menschlichen Obsorge und Pflege entzogen, sich überlassen
bleiben, indem sie sodann durch bleibenden Rückschlag
(Atavismus) zum ursprünglichen Typus zurückkehren;

c) dass Mischungen (hybridations, ausschweifende Kreuzungen) von selbstständigen, d. i. sich als fremd und getrennt verhaltenden Arten nur schwer gelingen, und wenn sie gelingen, unfruchtbar sind, oder in den nächsten, immer sehr dürftigen Generationen unfruchtbar werden;[*]) d) dass diese auffallende Sterilität hybridischer Kreuzungen bei blossen Spielarten nicht besteht, indem diese sowohl als solche wie auch in Berührung mit der Stammart zeugungsfähig bleiben, es also nicht dahin bringen, sich gegen die Stammart abstossend oder fremd und mithin als selbstständige Art zu verhalten; e) dass diese offene Zeugungsfähigkeit der Spielart mit der Stammart auch bei viel bedeutenderen morphologischen Verschiedenheiten besteht, als solche manche selbstständige Arten gegen einander zeigen.

Diese Gegengründe scheinen gegen die Thatsachen der Paläontologie (Vorwesenkunde) verstummen zu müssen. Da nämlich nach der Lehre der Geologen die Erde vom gasförmigen und feuerflüssigen Zustande an bis zu ihrer gegenwärtigen Gestaltung die verschiedensten Umbildungen durchmachen musste, die sich in eine gewisse consequente Folge von Entwickelungsphasen oder Formationen bringen lassen, wovon jene, welche Spuren und Ueberreste von Organismen enthalten, als die neuern um so mehr betrachtet werden müssen, als diese Organismen bei Vergleichung der einzelnen Schichten, wo sie sich vorfinden, nicht nur eine Vermehrung, aber auch eine auffällige stufenweise Vervollständigung offenbaren, so dass sie sich endlich an die gegenwärtig bestehenden Arten anschliessen: so liegt der Schluss nahe, dass sich die Arten nicht nur nach, son-

---

[*]) Merkwürdige Einzelnheiten über hybridische Kreuzungen enthält die Pariser Revue de deux mondes vom J. 1869 in einer Reihe von Abhandlungen unter dem Titel: Histoire naturelle. Origine des espèces. Von A. de Quatrefages.

dem aus einander entwickelt haben, dass endlich alles aus einer Urform des Daseins durch allmälige Umbildung zu Stande kam.

Dies hat nun gewiss Niemand gesehen. Es konnte so sein, wenn — es nicht anders war und sein musste. Abgesehen davon, dass die angenommene Reihenfolge der Erd-Formationen sowohl als der organischen Bildungen so lückenhaft ist, dass sie durch anderweitige Wahrnehmungen widerlegt werden kann, wie denn auch neueste Forschungen darthun, dass die Erde in allen ihren Formationen noch immer thätig ist,[*]) so bleibt es eine sehr bedenkliche Schwäche der Transformations-Lehre, dass sie letzten Endes zu einer positiven, materiellen Urform zurückgeht, ohne das Woher? Was? und Wie? derselben angeben zu können. Eine formlose materia prima zugegeben, wie entstanden daraus organische Zellen? wie aus diesen Pflanzen und Thiere? und wie kamen diese zur Befruchtung und Begattung, da sie ohne diese entstanden?

C. Vogt, dieser, was Thatsachen betrifft, so strenge und gewissenhafte Beobachter und Forscher sagt in seinen physiologischen Briefen: „Alle im thierischen Organismus entstehenden Zellen sind nach den jetzt vorliegenden Beobachtungen Nachkommen existirender Zellen, so wie alle Thiere Nachkommen von Thieren, von Eltern sind. Zellen erzeugen Zellen, Thiere erzeugen Thiere, — es gibt weder eine Urzeugung von Thieren noch von Zellen.“ Hienach sind Zellen, Pflanzen, Thiere, kurz die Welt mit allen ihren Bestandtheilen ewig. — Hierin liegt die Wahrheit, aber nicht die ganze Wahrheit. Diese ist, dass alles was ewig ist, auch entsteht; alles was wirklich ist, ist auch in seiner

---

[*]) Friedrich Mohr. Geschichte der Erde.

Gegentheiligkeit zu vernehmen, wie das Licht in dem Finstern.

Ist einmal das ewige Bestehen der Welt der Unmöglichkeit einer Schöpfung gegenüber festgestellt, so ist die Frage über die Entstehung der Arten insofern beseitigt, als die Welt nie ohne dialektisch unterschiedliche Formen bestehen konnte. Es bleibt nur die Frage übrig, wie gewisse Unterschiede dazu kamen, nach und nach, in geschichtlicher Weise zu erscheinen.

Die Begriffe des Organischen und Anorganischen, der Kotyledonen und Akotyledonen, der Wirbelthiere und der Wirbellosen bestehen gewiss ewig, denn sie fordern einander nothwendig wie Eins und Zwei. Nun aber sind Begriffe nicht blos Gedanken, sondern auch Thatsachen, nicht blos das Eine und All-Eine des Denkens, diese einzige, wahre, aber negative Urform, sondern auch Anderes, d. i. wirkliche sinnliche Form, welche ihrerseits, so greifbar sie ist, doch auch der ungreifbaren Form des Denkens, den dialektischen Voraussetzungen, welche auch die letzten Grundsätze der Sinne sind, entsprechen muss.

„Die Metamorphose kommt allein dem Begriffe als solchem zu, da dessen Veränderung allein Entwickelung ist. Der Begriff aber ist in der Natur theils nur ein Inneres, theils existirend nur als ein lebendiges Individuum; auf dieses allein ist die existirende Metamorphose beschränkt." (Hegel. Encyklopädie. II.) Die Entwickelung des Begriffs liegt in der dialektischen Negativität oder in der ausschliessenden Gegentheiligkeit — dem unendlichen Urtheile — der dem unendlichen Sein immanenten Bestimmungen. So ist der Begriff des Lebendigen, Organischen durch dessen Gegentheil, das Todte, Anorganische bestimmt; hiemit sind einerseits die physikalischen und chemischen Elemente, anderseits die Organismen der Flora

und Fauna gegeben, die sich wieder in zahllose dialektische
Formen des vegetabilischen und animalischen Lebens theilen. So ist das Gegentheil des Lebens, das Sterben, dessen
Arten ebenso unendlich verschieden sind, wie die des
Lebens, ohne dass sie von einander abhängig wären, während wir doch deren Spielarten, wie die des Erschiessens,
Vergiftens nach Belieben einrichten können. Die Artver-
schiedenheiten sind immanente, innere, nothwendige Ent-
wickelungen des unendlichen Seinbegriffes, so sind sie unmittelbar und ewig; als gegeben oder existent sind sie auf
Einzelnes, Individuelles beschränkt, das, als gesetzt, alle
immanenten Verschiedenheiten voraussetzt, selbst aber nur
die existirende Metamorphose von Individuum zu Individuum
ist, welche existirende Metamorphose bisher keine nach-
weisbare Entstehung einer selbstständigen Art aus der andern gezeigt hat. Jede als selbstständige Seinsform zu
betrachtende Art ist eine aus ihren Voraussetzungen fliessende
Besonderheit des unendlichen Insichseins des Denkens als
dialektisch genetischer Bewegung und hiemit or-
ganisch constructiver Thätigkeit.

Es fragt sich, warum bestehen so viele Arten nicht
mehr, wie wir sie nur noch in Spuren und Ueberresten als
sogenannte Vorwesen älterer Erdformationen finden? Wie
kamen die neuen Arten zum Vorschein, nachdem die alten
vergingen? Arten gehören dem allgemeinen Begriffselemente
an, das sich durch Veränderung entwickelt, aber nicht aus-
stirbt. Das Ganze ist ein Kreis, wo ein Punkt aus dem
andern fliesst, ohne dass man sagen kann, welcher Punkt
der erste sei; jeder ist der erste. Wenn wir uns die verschiedenen Arten unter einem Schema verschiedener Kreise
versinnlichen, die von einem gemeinsamen Tangential-
punkte als einem zufälligen Standpunkte aus betrachtet
werden, so wird ein grösster Kreis die Grundanschauung

für alle abgeben, indem der Tangentialpunkt die Richtung der Centralpunkte aller Kreise bestimmt. Aber jeder Punkt des angenommenen grössten Kreises ist ein solcher Tangential- und Standpunkt, welcher andere Richtungen und Anschauungsweisen bestimmt, ohne dass das Ganze in einem oder dem andern Falle ein Anderes wäre. Jegliches ist in seiner Art, auf seiner Stufe, das Vollkommenste und Beste, jede Art, jede Stufe setzt die andere voraus. Die Frage, wie die Arten überhaupt auf die Erde kamen, ist ganz die Frage der Kinder nach dem Woher der Kinder. Wir wissen zwar, wovon die Kinder nicht wissen, von dem Acte der Befruchtung, wodurch das mütterliche Ei zur Entwickelung von Zellen angeregt wird, aus denen sich die einzelnen Organe des künftigen Individuums nach einem festen Plane bilden. Woher aber die Zellen? und woher der Plan? Dass der mütterliche Leib die Zellen von seinen Eltern überkam und durch Ernährung vermehrte, und dass der Plan ein Naturgesetz sei, ist so leicht einzusehen, wie dass der Regen nass macht. Woher kommen aber Zellen überhaupt, und wie kommt das ideelle Moment ständiger Gesetze in die Materie? Woher kommt der Unterschied, den die ihrer Erscheinung nach anz identischen Zellen in ihrer Entwickelung bewirken? Es ist keine materielle Ursache einzusehen, dass die durch den Furchungsprocess eintretende und progressiv fortschreitende Zweitheilung des Eidotters einen so wesentlichen Unterschied wie die verschiedenen Arten der physiologischen Organe zuwege bringt. Nachdem sich der Dotter durch fortgesetzte Furchung und Zweitheilung in eine Traube verwandelt und sich so in die nöthige Anzahl von Zellen zerlegt hat, reihen und schichten sich die Zellen, und es kommen daraus Kopf, Rückgratwirbel, Sinnesorgane, Nerven, Haut, Knochen, Eingeweide, kurz alles auf einmal hervor,

was zum Individuum gehört. Hiebei gestaltet jede Art
die ihren Individuen zukommenden Organe auf ihre eigen-
thümliche Weise, obschon diese Gestaltung in den ersten
Stadien bei den verschiedenen Arten der Wirbelthiere
kaum zu unterscheiden ist. Hier gehen Einheit und Unterschied Hand in Hand, sie vermitteln sich, ohne dass man
sagen kann, dass sich die Unterschiede auseinander materiell entwickeln; jedes Organ tritt aus einer ganz gleichen
Zelle hervor, „wie Minerva aus Jupiters Haupt."

Sollte da nicht eine ursprüngliche zweckhältige Anlage zum Grunde liegen, die bei Abgang jedes äusserlichen
Motivs ein unterscheidendes Denken mit der Besonderheit
eines bestimmten Willens, oder ein jeder einzelnen Zelle,
ja jedem Punkte subjicirendes Im-Begriffe-Sein voraussetzt?
Sollte in dem durch den Act der thierischen Befruchtung
sich vermittelnden Gegensatze des weiblichen Eichens und
des männlichen Samens, in der nach der Befruchtung ein-
tretenden Progression der Zweitheilung des Eichens, weiter
in der Doppelbildung des Gehirns, des Nervensystems, der
Sinne u. s. f. nicht der logisch genetische Process der Negativität im Kleinen sich abspiegeln? Wenn wir Kreuzungen
unter selbstständig verschiedenen Arten, wie Rindern und
Pferden versagt sehen, so liegt der Grund davon wohl nur
darin, dass sie streng, d. i. dialektisch unterschiedene Be-
griffsformen sind.

Wenn wir, den thierischen Organen entgegen, die
pflanzlichen Organe vom Keime bis zur Blüthe aus einander sich entwickeln sehen, so ist das nur eine Metamorphose des gegen das todte Commassiren sich dialektisch
abhebenden lebendigen Wachsthums des Blattes, der einen
Grundform der Pflanze, daher von einer Artverschieden-
heit der pflanzlichen Organe nicht in dem Sinne die Rede
sein kann, wie von der der thierischen Organe. Jeder

Zweig am Baume ist ein Baum und der ganze Baum ein
ins Aeusserste entwickeltes Blatt. Aber auch hier muss,
wenn von dem Entstehen der Pflanze oder ihrer einzelnen
Organe überhaupt die Frage ist, bedacht werden, dass die
ganze Entwickelung der Pflanze ein in jeder Beziehung in
sich geschlossener Kreis ist, 'wo entweder kein Anfang
oder in jedem Punkte ein Anfang ist. Was war früher,
der Same oder die Blüthe? Die Zelle oder der Baum?
Die Zellenbildung oder der Befruchtungsprocess? Eins oder
Zwei? „Eine runde positive Antwort lässt sich auf die
Frage nicht geben, ob die Welt (und da die Welt ohne
dialektischen Grundunterschied nicht gedacht werden kann,
ob dieser) ohne Anfang in der Zeit sei, oder einen Anfang
habe. Die runde Antwort ist vielmehr, dass die Frage,
dies Entweder-Oder, nichts taugt. Seid ihr im Endlichen,
so habt ihr ebenso Anfang wie Nichtanfang; diese dialektischen Bestimmungen kommen dem Endlichen zu, ... und
so geht es unter, weil es ein Widerspruch ist. ... Seine
Unangemessenheit zur Allgemeinheit ist seine ursprüngliche Krankheit und der angeborene Keim des Todes.
Das - Aufheben dieser Unangemessenheit ist das Voll-
strecken dieses Schicksals. Das Individuum hebt sich auf,
indem es seine Einzelnheit (individuelle Eigenthümlichkeit)
der Allgemeinheit einbildet." (Hegel. Encyklopädie II.)
Wie dieses Einbilden zu verstehen sei, wollen wir später
sehen.

Mit dem Begriffe als immanent dialektischer Metamor-
phose ist die absolute Pangenese gegeben als eine (nach
C. L. Michelet's Ausdruck) „Palingenesie des Geistes."
(Epiphanie. III.) Die Arten sind kein „arabeskenartiges
Gemisch" von Formen, sondern logisches Entgegen- und
Voraussetzen und darin wirkliches Setzen. „Es ist eine
ungeschickte Vorstellung, die Fortbildung und den Ueber-

gang einer Naturform und Sphäre in eine höhere für eine
äusserlich wirkliche Production anzusehen, die man
jedoch, um sie deutlicher zu machen, in das Dunkel der
Vergangenheit zurückgelegt hat Der Natur ist gerade
die Aeusserlichkeit eigen, die Unterschiede auseinander-
fallen und sie als gleichgiltige Existenzen auftreten zu
lassen; der dialektische Begriff, der die Stufen fort-
leitet, ist das Innere derselben. Solcher sinnlicher Vorstellungen wie überhaupt das sogenannte Hervorgehen der
Pflanzen und Thiere aus dem Wasser, und dann das Hervorgehen der entwickelteren Thier-Organisationen aus den
niedrigeren, muss sich die denkende Beobachtung enthalten." (Hegel w. o.)

Das Innere der Dinge, der Begriff als solcher, ist unendlich, daher sinnlich nicht zu fassen. Das Unendliche
als Unendlichmögliches ist nothwendig vorausgesetzt, und
ist so ausser aller Zeit und allem Raume, aber als wirklich gesetzt, muss es in Zeit und Raum erscheinen, ohne
dass es sich darin aufgäbe. „So ist die Materie ins Unendliche theilbar; dies ist ihre Natur, dass, was als Ganzes
gesetzt wird, als Eins schlechthin sich äusserlich, ein Vieles
in sich sei. Aber die Materie ist nicht in der That ein
Getheiltes, so dass sie aus Atomen bestände, sondern dies ist eine Möglichkeit, die nur Möglichkeit,
ist, d. h. dieses Theilen ins Unendliche ist nicht etwas
Positives, Wirkliches, sondern ein subjectives Vorstellen", — eine Voraussetzung. (Hegel w. o.) Auch
das Mikroskop zeigt nicht Atome, sondern immer schon
Verbindungen von Atomen. Dieses rein subjective Vorstellen von Atomen, Punkten, ist eben keine Vorstellung im sinnlichen, objectiven, sondern eine Voraussetzung im innern Sinne des Denkens, das alle Möglichkeit, Unendlichmögliches und damit nicht wirklich Gegebenes,

folglich für die Sinne auch nicht Fassbares ist. „Gehe ich zu d i e s e m Allgemeinen, dem Nichtendlichen (Nichtgegebenen), so habe ich den Standpunkt verlassen, auf welchem Einzelnheit und deren Abwechslung stattfindet. In der Vorstellung ist die Welt nur eine Sammlung von Einzelnheiten; wird sie aber als Allgemeines, als Totalität gefasst, so fällt die Frage vom Anfang sogleich hinweg." (Hegel w. o.) Alles ist Ein (Sein-) Gedanke, der immer und überall anfängt.

Die Materie ist ewig wie das Denken, aber nur als Erscheinung (Manifestation) des Denkens oder, wenn dies deutlicher ist, der Denknothwendigkeit. Diese besteht in jenen letzten Grundsätzen der Sinne, die als unendliche Seinsbestimmungen sich durch innern, immanenten Widerspruch als Einheiten extremer Gegensätze voraussetzen. Das den Widerspruch der Einheit solcher sich widersprechender Gegensätze auflösende Princip ist die B e w e g u n g d e s D e n k e n s, welche in Zeitform vor sich gehend in Raumform erscheint. Als vorausgesetzte Reflexionsmomente des Denkens oder als das rein ideelle Geschehen der Reflexion sind die extremen Gegensätze ungleichzeitig und solchergestalt unabhängig vom Raume. Aber „das W e s e n ist die Beziehung auf sich selbst, nur indem sie Beziehung auf Anderes ist. Das Wesen ist hiemit das Sein als Scheinen in sich selbst." (Hegel. Encykl. I.) Indem die wesentliche Einheit des Denkens sich in gegensätzlichen Reflexionsmomenten als Eines und Anderes bestimmt, sind diese Momente auch wechselwirkend, hiemit auch gleichzeitig und damit räumlich. Solchergestalt bestehen sie nicht nur für die denkende, sondern auch für die sinnliche Anschauung und Wahrnehmung, sie sind in jedem Sinne gegen ihre formelle Voraussetzung anders, materiell, gesetzt. Das in dem

4

einen, reinen Denken Identische, Homogene, wird geschieden, heterogen. Die extremen Gegensätze werden extern, indem immer ein extremes Glied eines homogenen Gegensatzes durch extreme Glieder anderer Gegensätze vermittelt oder specificirt wird. Hiemit wird das entgegengesetzte Glied als widersprechendes aus der formellen Einheit materiell ausgeschieden und jedes der entgegengesetzten Glieder erscheint dann als eine andere Art des nur im reinen Denken als Einheit bestehenden Gegensatzes.

Indem die Arten auf Grund extremer, widersprechender, gegentheiliger Bestimmungen vorausgesetzt sind, sind sie ewig; indem sie hierin zugleich sich als gegensätzlich heterogene Bestimmungen specificiren und damit räumlich vermitteln oder bewirken, erscheinen sie; sie setzen sich. Als vorausgesetzt verhalten sie sich wie Grund und Folge, als vermittelt oder gesetzt, wie Ursache und Wirkung; sofern aber Voraussetzung und Setzung in die ewige Gegenwart des einen, unendlichen, identischen Denkens fallen, sind sie ein rein ideelles, in sich reflectirtes Eins, das wohl als Grund und Folge begriffen, nicht aber als Ursache und Wirkung ergriffen, gesehen werden kann. Wir können Ursache und Wirkung nur an der seit jeher bestehenden Wirkung; an der Welt, insofern unterscheiden, als Einzelnes sich verändert. Es sind das ganz untergeordnete Folgerungen, die gegen die kosmischen Combinationen der sich unter einander vermittelnden unendlich vielen Gegensätze des Denkens als Zufälligkeiten beiherspielen. Dass der Tag anfängt, dass das Wasser das Feuer löscht, daraus folgt nicht, dass der Welttag jemals angefangen habe, dass das Feuer durch Wasser nicht genährt werden könne. Wir müssen die Welt als sich manifestirendes Denken fassen, unmittelbar im Denken vernehmen, um sie recht zu verstehen. Dann begreifen wir die Dinge in

logischen Artbestimmungen, die sich in ihren letzten Voraussetzungen widersprechen und sohin abstossen müssen,
um zu bestehen.

Magnetismus, Elektricität, Chemismus, zeigen uns die
Gegensätze noch in der rohesten Form der Abstraction,
des Positiven und Negativen; es ist hier nur der propy-
laktische Mechanismus der Negativität, dem der Dynamis-
mus des lebendigen Organismus gegenübersteht. Die ewig
bestehenden Elemente ernähren die ewig bestehenden
Organe des Lebens, deren Prototyp die Zelle ist. Jeder
Punkt geht so vom Tode des anorganischen Seins zum
Leben des organischen und von diesem wieder zum Tode
über. Indem die Elemente so zu Organen des Lebens
sich erheben, tritt das Sein des Denkens als Inneres, Individuelles, Physiologisches gegen den Schein des Aeussern,
Massenhaften, Morphologischen desto mehr hervor, je con-
creter die Seinsbestimmung des Denkens, dessen Im-
Begriffe-Sein ist, je wahrer und lebendiger das Dasein des
Denkens wird, d. h. je mehr die Art des Lebens der
individuellen Empfindung und endlich dem Lichte des
Selbstbewusstseins sich nähert.

Das äussere Licht ist das unbewusste Sich-Anschauen
des Denkens als materiellen, der Schall das unbewusste
Sich-Aussprechen des Denkens als ideellen Etwas durch
das Medium seiner sich räumlich absetzenden Reflexions-
Punkte. So erscheint uns die stumme Zeit als Schall,
den wir subjectiv, als successive Bewegung hören, der sich
aber räumlich kreisend ausbreitet, als Welle, die ins Unendliche strebend kreist, aber ausser ihrer Erscheinung
nichts von der Stelle bringt. Der finstere Raum erscheint
uns als Licht, das wir objectiv, ruhend sehen, das aber
immer sich bewegt, als Strom, der fortwährend an Ort
und Stelle bleibt. In der durch das ewig lebendige Band

des Denkens vermittelten Vermälung der Zeit mit dem Raume
ist das der Zeitform zum Grunde liegende ideelle Etwas der
väterlich belebende, zeugende, treibende Strom, der als Same,
— das der Raumform zum Grunde liegende materielle
Etwas die immer fertige, mütterlich erhaltende, wiegende
Welle, die als Zelle und Ei erscheint. Das Ei ist die zur
Ruhe gebrachte Gährung der Materie, die ihren Schwerpunkt stets ausser sich hat; durch Berührung mit dem
Samen wird es aus seiner Ruhe erweckt, empfängt es das
die Schwere überwindende, bewegende Princip des Gegensatzes, der als in sich bewegte Reflexion des Denkens
den Schwerpunkt des individuellen, subjectiven Seins in
sich birgt, daher alles Aeussere, Objective zu seinem Innern zu machen sucht, aber in dem immer fertigen Aeussern
jene Schranke findet, wo das Denken sich in seinen eigenen, gesetzten Vorstellungen als in einer „prästabilirten
Harmonie" gefangen hält, um nicht durch unbändiges
Jagen nach vorausgesetzten Momenten, sich darin als dem
unendlichen Leeren zu verlieren.

Der Raum, die Materie, ist nur die Manifestation des
für sich raumlosen Seingedankens, der in Zeitform sich
bewegend den Widerspruch der ideellen Einheit seiner
dialektischen Formen dadurch überwindet, dass er sie räumlich begrenzt und so zur materiellen Erscheinung bringt.
Was sich an den Erscheinungen verändert, ist der (Sein-)
„Begriff, dessen Veränderung — logische — Entwickelung
ist." Was wir an der Materie unseres Leibes unser nennen,
war vor Jahren nicht unser, und wird wieder fremdes werden. Bei dem steten Stoffwechsel des Leibes bleibt nur
das subjective Ichsein, dieser Punkt des blossen Ichgedankens, der sich vom Kinde zum Manne, zum Greise
entwickelt, und da es in dieser seiner letzten Entwickelung
seiner Bestimmung nicht mehr entspricht, im Tode zum

Grunde des blossen Seingedankens zurückgeht, wo jeder
Punkt seiner äussern Gestaltung sogleich neue Beziehungen
und Verbindungen aufsucht, — jeder Punkt, somit auch
der Punkt des blossen Ichgedankens. Kein Punkt, kein
sogenanntes Atom war je für sich allein, da kein Punkt
ohne Beziehung auf einen andern denkbar ist. Da diese
Beziehung nur durch das Denken besteht und das Denken
stets bewegt ist, so ist die Verbindung der Punkte in stets
veränderter Erscheinung begriffen, d. h. die Dinge ver-
gehen und entstehen beständig nach einem gewissen allgemeinen Plane. Jedes Individuum besteht als ein seinem
Begriffe (seiner Art) nach mehr oder minder dehnbares
Product, aber das Ueberschreiten der durch den Begriff
bezeichneten Grenze ist sein Nichtsein, seine Grenze, welche
es als Begriff, als Art, gar nicht, als Individuum aber nur
durch den Tod überschreiten kann, wo jeder einzelne
Punkt des aufgelösten Individuums sich durch alle möglichen Seinsformen, vom Atom angefangen, bis zum Selbst-
bewusstsein wieder durchzuarbeiten strebt.

Die Arten sind nicht nur abstracte Producte der sich
in sich reflectirenden Seins-Idee, aber auch concrete Pro-
ductionen, für welche gewisse äusserlich allgemeine Bedingungen erforderlich und materiell voraus-gesetzt sind,
damit sie bei ihrer begrifflichen Ausschliesslichkeit neben
einander bestehen können. Sie sind nicht allein urtypische,
dialektisch logische Formal-Bestimmungen, aber auch individuelle Gestaltungen dieser Grundbestimmungen, wirkliche
Formen, welche von gegebenen, aber eben auch vom
Denken bewegten Bedingungen abhängen, daher dem
Flusse dieser Bedingungen sich stets accomodiren müssen.
Es ist ein allgemeines Im-Begriffe-Sein, ein allgemeines
Denken und Wollen in jedem Punkte, ein Wollen, dessen
Zufälligkeit durch die Nothwendigkeit des Denkens ge-

regelt ist und das zu dem sich gestaltet, was wir als Welt
bewundern. „Warum ist der Kalkstein später? Weil hier
ein Kalkstein auf Sandstein liegt. Das ist eine leichte
Einsicht. Es ist eine gleichgiltige Neugierde, das auch in
der Form der Succession sehen zu wollen, was im Neben-
einander ist. Ueber die weiten Zwischenräume solcher
Revolutionen (Erdformationen) kann man interessante Gedanken haben; es sind auf dem geschichtlichen Felde Hypo-
thesen, und dieser Gesichtspunkt der blossen Aufeinander-
folge geht die philosophische Betrachtung nichts an. Aber
in dieser Folge liegt etwas Tieferes. Der Sinn und Geist
des Processes ist der innere Zusammenhang, die nothwendige Beziehung seiner Gebilde, wozu das Nacheinander
gar nichts thut. Das allgemeine Gesetz dieser Folge von
Formationen ist zu erkennen, ohne dass man dazu der
Geschichte bedürfte; das Wesentliche ist, die Züge des
Begriffs darin zu erkennen." (Hegel. Encyklopädie. II.)

Als solche Züge summiren sich die auf der Erde, als
einem gegebenen Raume vorhandenen materiellen Bedingungen, nach gewissen, Epoche machenden Ereignissen
zu der der Epoche entsprechenden concreten Gestaltung
der dialektisch logischen Formal-Bestimmungen, welche
die ewige Grundlage der Arten sind. Es gab ewig eine
Pflanzen- und Thierwelt, aber in jeder Epoche in einer
andern Gestalt; es änderten sich nicht die Arten, aber es
änderten sich die Individuen der Arten, je nach den Ereignissen, welche solche Aenderungen zur nothwendigen
Folge hatten, ohne dass hiebei ihre Art geändert wurde.
Die Art des Individuums ist immer dieselbe, mag es im
Keime oder ausgewachsen, verpuppt oder entpuppt bestehen. Können ähnliche Metamorphosen der Individuen,
wie wir sie unter unsern Augen vor sich gehen sehen,
nicht auf ganze grosse Epochen der Erdformation ver-

theilt gedacht werden? Konnten die jetzt bestehenden
Arten nicht in einem Anlagenzustande bestehen, selbst in
dem problematischen Falle, dass die Erde einst in einem
gas- oder feuerflüssigen Zustande war? „Die Production
des Lebendigen stellt man überhaupt als eine Revolution
aus dem Chaos dar, wo das vegetabilische und animalische
Leben, das Organische und Unorganische in Einer Einheit
gewesen seien. Das ist eine Vorstellung der leeren Ein-
bildungskraft." Es gab niemals Eine Einheit des Seins,
mag dies nun im ideellen oder materiellen Sinne genommen werden; es gab und gibt nur immer die Eine Seins-
Idee, die als Unmöglichkeit (Negation) des Nichts, als begriffliche Gestaltung, als diese vernünftige, verständige
Welt besteht. „Das Natürliche, Lebendige ist nicht ge-
mengt, kein Vermischen aller Formen, wie in Arabesken.
Die Natur hat wesentlich Verstand. Die Gebilde der
Natur sind (dialektisch) bestimmt, beschränkt, und treten
als solche in die Existenz. Wenn also auch die Erde je
in einem Zustande war, wo sie kein Lebendiges hatte,
nur den chemischen Process u. s. w., so ist doch, sobald
der Blitz des Lebendigen in die Materie einschlägt, sogleich ein bestimmtes, vollständiges Gebilde da, wie Minerva
aus Jupiters Haupte bewaffnet springt. Der Mensch hat
sich nicht aus dem Thiere herausgebildet, noch das Thier
aus der Pflanze; jedes ist auf einmal ganz, was es ist. An
solchem Individuum sind auch Evolutionen; als erst ge-
boren ist es noch nicht vollständig, aber schon die reale
Möglichkeit von allem dem, was es werden soll. Das
Lebendige ist der Punkt, diese Seele, Subjectivität, unendliche Form, und so unmittelbar an und für sich bestimmt. Auch schon am Krystall als Punkt ist sogleich
die ganze Gestalt, die Totalität der Form da; dass er
wachsen kann, ist nur quantitative Veränderung. Beim

Lebendigen ist dies noch mehr der Fall." (Hegel. Encyklopädie. II.)

Selbst in dem äussersten, wie gesagt, problematischen
Falle eines ehemaligen gas- oder feuerflüssigen Zustandes
der Erde kann das Bestehen eines organischen Zustandes
mit dialektisch unterschiedlichen Momenten nicht aufgegeben werden, aus dem einfachen Grunde, weil das Unorganische ohne das Organische ebenso nicht bestehen
kann, wie das Finstere ohne das Licht. Ob solche Momente auch getrennt sind, so ist ihre Zweiheit doch auch
eine Einheit, und als zwei brauchen sie sich keinesfalls
weit zu suchen. Wenn also im Allgemeien nicht geleugnet
werden kann, dass die Erde nicht immer in dem Gesammt-
zustande war wie jetzt, und sohin einst auch eine andere
Pflanzen- und Thierwelt bestand wie jetzt, so kann deshalb die Stabilität der dialektischen Grundeintheilung oder
der begrifflichen Artbestimmung nicht aufgegeben werden.
Wenn nun die Pflanzen und Thiere auf der Erde nicht
immer in ihrer jetzigen Gestaltung bestanden, so liegt dies
nicht darin, dass die Arten, wie wir sie kennen, sich aus
andern Arten durch allmälige physiologische Transfor-
mation im Wege der Zeugung herausgebildet haben, sondern darin, dass die in ihren dialektisch-physiologischen
Grundunterschieden stets bestandenen Arten sich wohl im
Wege der Zeugung, aber nur morphologisch änderten, indem sie sich den jeweiligen Zuständen der Erde anpassten
und so endlich zu der jetzigen Gestaltung gelangt sind.
Mag die Thierwelt sich noch so mannigfaltig vermehren,
noch so sehr sich einerseits dem Menschen, anderseits der
Pflanzenwelt nähern, dies hat denn doch darin eine Grenze,
dass das Thier ewig etwas anderes ist wie einerseits der
Mensch und anderseits die Pflanze. Ebenso ist jede einzelne Thier- und Pflanzenart gegen die übrigen abge-

schlossen; der Affe ist nicht Mensch noch Hund oder Katze und ist deshalb mit diesen auch nicht zeugungs- fähig. Spielarten von Hunden, Tauben, Birnen, Rosen können wir künstlich hervorrufen, sie bleiben darum was sie sind, und werden nicht eine neue in begrifflicher und geschlechtlicher Beziehung selbstständige Art. Auch jede Art besteht als ein ihrer begrifflichen Form nach mehr oder weniger dehnbares Product, so, dass das Ueberschrei- ten der durch den Begriff festgesetzten Grenze, nicht ihren Tod wie bei den Individuen, aber jedenfalls ihr Nichtsein, d. h. das Bestehen einer andern physiologischen Art neben ihr im Raume, oder das Entstehen einer andern morpho- logischen Gestaltung derselben an ihr selbst, d. i. in der Zeit, bedeutet.

Um dies einzusehen, brauchen wir nur darauf zu reflec- tiren, was eintreten musste, wenn bei dem unendlich noth- wendigen Drange der Seins-Idee nach äusserer Gestaltung ihrer innern Formalbestimmungen die auf der Erde in irgend einer Formations-Periode bestehende Artengestal- tung durch Ereignisse erschüttert und untergraben wurde, welche aus allgemeinen kosmischen Combinationen fliessend unvermeidlich, aber für die organischen Gebilde der Erde verderblich waren. Musste da nicht das der Artengestal- tung jedes einzelnen Individuums zum Grunde liegende Im-Begriffe-Sein mit aller Macht seines Instinctes, Triebes dahin streben, sich zu modificiren, um sich zu erhalten und vielleicht dabei zu gewinnen? Musste dieser Trieb nicht in jedem Punkte jedes individuellen Bestandes wirken, und bei dessen Untergange sich seiner neuen Verbindung und Gestaltung „einbilden"? „Das Gebildete", sagt Goethe, „wird immer selbst zum Stoff; die Materie, die als gebildet, eine Form hat, ist wieder Materie für eine neue Form." So tritt jeder Punkt, durch seine frühere Existenz vorgebildet, in eine neue Existenz, und so tritt uns zugleich die verständige Verschiedenheit der Seinsformen stets als in sich fertiger, von einander unabhängiger Artbegriffe entgegen, mögen die scheinbaren Uebergänge der Arten untereinander der Zeit nach noch zweifelhafter, dem Raume nach noch mannigfaltiger gemischt erscheinen, als sie es wirklich sind; die Uebergangsformen sind eben auch Arten.

Wenn ein analoges Gesetz in der Entwickelung der physiologischen Organe als Arten der thierischen Lebensfunction und der Arten des Pflanzen und Thierreiches als Organen des Erdkörpers, dieses „Knochengerüstes des Lebens" (Hegel) besteht, so kann man sagen, dass wie der Kopf des Individuums nicht aus dem Rumpfe hervorwächst oder erzeugt wird, so auch der Mensch nicht aus der Thierwelt, insbesondere nicht aus irgend einer Thierart, wie überhaupt keine Art aus der andern im Wege der Zeugung hervorgegangen ist.

Bei allen Wirbelthieren sieht man die verschiedenen (Sinnes-, Empfindungs-, Bewegungs-, Ernährungs-) Organe gleichzeitig, jedes aus einer eigenen, aber ganz gleichen Zelle sich entwickeln; hiebei gestalten sich die gleichnamigen Organe innerhalb jeder Thieresart auf eine verschiedene Weise, so dass die Form der Köpfe, Füsse, Mägen u. s. f. bei jeder anders gestaltet ist. Wenn nun auch die Organe nicht aus gleichnamigen Organen entstehen, wie Thiere und Pflanzen aus gleichnamigen Eltern, so entstehen sie doch aus Zellen, und Zellen entstehen nur aus Zellen. Da nun weiter die Zellen (nach eingetretener Befruchtung des Eies) sich nach einer den Organen des künftigen Individuums entsprechenden Ordnung frei aneinander reihen und schichten, wo dann jede das seinem Orte entsprechende Organ aus sich entwickelt, so liegt der Schluss nahe, dass in jeder Zelle eine ihm von

der Mutterzelle eingepflanzte Anlage wirke, die sie bestimmt, einen bestimmten Platz in der Gestaltung des
Embryo einzunehmen und ein bestimmtes Organ hervorzu-
bringen, das mit jenem Organe gleichnamig ist, dem die
Mutterzelle ihr Entstehen verdankt. Gilt dies, so wäre
eine Analogie in der Fortpflanzung gleichnamiger physiologischer Organe als beständiger Arten der thierischen
Lebensfunction und der Thier- und Pflanzenarten als beständiger Organe des Erdlebens constatirt. Diese Analogie lässt den Schluss zu, dass die Thier- und Pflanzenarten nicht aus einander, d. h. durch Erzeugung der einen
Art durch die andere, allmälig sich entwickelt haben, sondern dass sie in ihren Grundunterschieden auf dem Knochengerüste der Erde immer vorhanden waren und sind, nur
zu verschiedenen Perioden in verschiedener Gestaltungsweise, so zwar, dass diese Verschiedenheit sich nicht räumlich, sondern nur zeitlich auslegt.

Diese sich blos zeitlich auslegende Gestaltungsweise
der Arten begründet keinen eigentlichen, physiologischen
Artenunterschied, sondern nur eine geschichtliche Veränderung im morphologischen Organismus des Erdganzen,
als eines isolirt bestehenden Individuums. Gewiss bestand
die Thier- und Pflanzenwelt nie aus einerlei Art oder
einerlei Individuen, und gewiss hat sie nicht immer in der
jetzigen Gestaltung bestanden. Die äussere Gestaltung derselben hängt von bleibenden und vorübergehenden Bedingungen ab. Die bleibenden Bedingungen sind die dialektisch-physiologischen Unterschiede, woraus die Eintheilung der Pflanzen in Mono- und Dikotyledonen u. s. f.
der Thiere in Wirbelthiere und Wirbellose, Land- und
Wasserthiere, Säugethiere und Eierlegende, Gehörnte und
Ungehörnte u. s. f. sich ergibt; alles dies setzt sich gegenseitig voraus, ohne dass man sagen kann, dass Eines früher

war als das Andere, wie Thier und Pflanze, Henne und
Ei; alles dies war und ist zumal. Die vorübergehenden
Bedingungen liegen in den physikalischen Zuständen der
Erde, die gewiss auch nicht immer so beschaffen waren,
wie jetzt.

Da nun die bleibenden Bedingungen als dialektische
Gegensätze sich gleichzeitig voraussetzen, die vorübergehenden aber ungleichzeitig sind, da ferner die erstern in ihrem
Zusammenhange vom ganzen Erdindividuum abhängig sind,
die letztern aber der Erdgeschichte angehören, so kann
der äussere (morphologische) Gestaltungswechsel der Arten
überhaupt, d. i. im Grossen und Ganzen, nicht gleichzeitig
vorkommen, wie der der gleichnamigen physiologischen
Organe bei den ungleichnamigen Arten, sondern er muss
ungleichzeitig nach einer der Zeit nach auf die ganze
Erde einfliessenden Ordnung stattfinden. Hierin wäre der
eigentliche Grund des Unterschiedes der sogenannten Vorwesen und der gegenwärtigen Thiere und Pflanzen zu
suchen, indem hiernach blos die morphologische Gestaltung der Arten überhaupt sich geändert hat, nicht aber
irgend eine physiologisch selbstständige Art in eine andere sich verwandelt hat. Hienach wären die Individuen
älterer Erdformationen allerdings die Voreltern der spätern,
aber nicht Vorwesen von wesentlich anderer Art. Sobald
die äussern Voraussetzungen für die Existenz des Menschen gegeben waren, war auch die Entstehung des Menschen aus irgend einem propylaktischen Zustande, es war
seine Natur gegeben und damit die Bedingungen seiner
Fortpflanzung und Verbreitung. Hierin bald begünstigt,
bald gestört, muss er einerseits fast als ein Gott, anderseits fast als ein Affe erscheinen. Ebenso muss es manches
Thier — man denke an die sinnige Klugheit von Hunden
und Pferden — dahin bringen, an menschliche Intelligenz

und Gemüthlichkeit zu gemahnen, und es ist zu verwundern, ·dass man nicht lieber hier einen Anknüpfungspunkt für den menschlichen Stammbaum suchte, als in der Spottfratze des Affen, dem die Thüre des Selbstbewusstseins (nach F. Th. Vischer) nicht.vor aber auf die Nase zugeschlagen ist. Der Mensch ist als bewusste Animalität immer das Nichtsein der unbewussten, thierischen Animalität, er ist deren Gegentheil, deren für sich ausgedrückte Wahrheit. Die Ursache des Menschen liegt im Begriffe der Animalität als eines für sich geschlossenen Kreises, also in der Thierwelt als einem Ganzen, wozu der Mensch gehört, aber als Schlussglied, das nämlich das Ganze ebenso abschliesst wie unterbricht.

Der morphologische Gestaltungswechsel · der Arten, der bei aller dialektisch-physiologischen Beständigkeit derselben eintreten muss, wenn durchgreifende geotektonische Ereignisse eine Aenderung ihrer äussern Structur nöthig machen, findet eine Analogie im Kleinen in der Erscheinung der Spielarten überhaupt, wo neue Umstände neue Gestaltungen herbeiführen, ohne dass hiedurch neue sich gegen die Stammart als physiologisch fremd und in geschlechtlicher Beziehung geschieden verhaltende Arten entständen. Besonders auffällig ist dieser Gestaltungswechsel bei den Pflanzen, welche in einen andern Boden, ein anderes Klima versetzt, oder bei besonderer Hortualcultur ihre äussere Gestaltung oft so sehr ändern, dass sie gegen die der Mutterpflanzen kaum noch als die alte Art zu erkennen sind, ohne jedoch aus dieser herauszufallen, da sie dem Gesetze der Hybriden nicht unterliegen. Eine weitere Analogie des Gestaltungswechsels einer und derselben Art haben wir an der Pflanze darin, dass die ganze Entwickelung der Pflanze nur eine Reihe von Umgestaltungen einer und derselben Seinsform, also einer für sich bestehenden Seinsart, des Blattes, ist. Welcher Unterschied zwischen Wurzel, Stamm, Aesten, Zweigen, Blättern, Blüthen, — und doch ist alles dies aus einer ganz gleichen Form, aus dem Keimbläschen, dann der Knospe entstanden. Hier haben wir es mit dem Begriffe der Art als solchem zu thun, indem die Pflanze (nach Hegel) noch kein eigentliches Individuum, sondern nur erst „die besondere Ausgebärung, das Werden der Individualität ist, wo nichts herauskommt, als was schon da ist." Hier gestaltet sich die vegetabilische Seinsform der Pflanze auf verschiedene Weise an einem und demselben Individuum, ohne dass durch diese Aenderung der Gestaltungsweise an diesem Individuum eine eigentliche neue Art oder ein eigentlich neues Individuum entstände; alles an der Pflanze ist ein metamorphosirtes Blatt. Hier „wird das Individuum nicht Herr über die Besonderheit", d. h. es bringt für sich nichts hervor, wodurch es sich als eigentliches Nichtsein des Andern seiner Form heraushöbe. „Dass die Pflanze kein Gefühl hat, liegt darin, dass das subjective Eins derselben in ihre Qualität, die Besonderung (Art) selbst hineinfällt." (Encyklopädie. II.) Ein eigentlicher Artenwechsel von Pflanzen tritt oft mit der Aenderung der Bodenbeschaffenheit und sonstiger Umstände von selbst durch spontäne Besamung des Bodens aus der Luft ein, wobei eine Pflanzenart durch die andere verdrängt wird, ohne dass diese durch jene erzeugt würde. Eine ungeschickte Forstwirthschaft hat zur Folge, dass die Baumarten in den Waldungen von selbst wechseln; so weichen in Europa die Eichen- und Buchenwaldungen den Birken und Nadelholzbeständen immer mehr, indem der langsame Nachwuchs der erstern vor den weichern und deshalb überwuchernden Eindringlingen nicht gehörig geschützt wird.

Der paläontologische Formenwechsel wäre

hienach nur ein rein morphologischer Spielarten-
wechsel, jedoch nicht im Sinne der Lamarck-Dar-
win'schen Theorie, wonach eine physiologisch selbstständige Art im Wege der Spielartenzeugung bis zur Erzeugung einer fremden und geschiedenen Art fortgehen
soll, sondern lediglich darin, dass die physiologisch stets
selbstständig bestehenden Arten sich in ihren äussern Gestaltungen den äussern Verhältnissen accomodiren, ohne
ihre bleibenden, dialektisch-physiologischen Unterschiede
zu ändern, wodurch sie sich in begrifflicher und geschlechtlicher Beziehung abstossen. Dies schliesst jedoch nicht
aus, dass die morphologische Accomodation der Arten
an äussere Verhältnisse, im Laufe der Zeiten nicht bis zur
Unkenntlichkeit der Arten gegen ihre einstmalige Gestaltung fortgehe, so dass keine Spur der jetzt bestehenden
Artengestaltung in ältern Erdformationen nachzuweisen ist.

Der jedem Dinge zum Grunde liegende Seinbegriff ist
der allgemeine sympathische Nerv, der alle Dinge und Erscheinungen von jenem Tangential-Punkte aus unsichtbar
und unbewusst bei- und unterordnet, wo sich alle Formen-
kreise der Erscheinungswelt berühren. „Dieser Punkt,
diese Seele, Subjectivität, unendliche Form" ist nicht ein
fixer, denn er ist die jeden Punkt bewegende dialektische
Denknothwendigkeit, ein thatsächliches Geschehen des
Denkens in jedem Punkte. Wie gross die Verschiedenheit
auch sei, welche durch die Reduction des Seienden auf den
relativen Standpunkt des mehr oder weniger beschränkten
Gesichtskreises der einzelnen Individuen sich ergibt, der eine
grösste Kreis des Denkens umfasst sie alle, begreift sich
in jeder. Der Begriff ist der Tritt der „ewigen Weberin",
der Natur, wodurch „die Schifflein hinüber, herüber schiessen",
und die von jedem Punkte ausgehenden Fäden des Daseins

„sich begegnend fliessen, — ein Schlag tausend Verbindungen schlägt. Das hat sie nicht zusammengebettelt, sie hat's von Ewigkeit angezettelt, damit der ewige Meistermann getrost den Einschlag werfen kann." (Goethe.) Indem aber „der ewige Meistermann", das Denken, die Sorge für die den engern Gesichtskreisen der Individuen entquellenden Freuden und Leiden diesen selbst überlässt, ist er zugleich „der Fortschritt im Bewusstsein der Freiheit." (Hegel.) Da dieses Bewusstsein seine Wahrheit, das nothwendige Prädicat seines Daseins als eigentlichen Denkens ist, wäre es nur an die gegenwärtige Gestalt der Persona gebunden? Hier, im Bewusstsein markirt der Meistermann als Mnemosyne der Geschichte das höhere Geschehen oder das Thun der Freiheit, und indem er durch die Liebe als „göttlicher Selbstvernichtungslust" immer Anderes und Anderes erzeugt und sich so im Andern aufopfert, trägt er in dem Gegenwärtigen dem Vergangenen Rechnung und bereitet die Einschläge für das künftige Begriffs-Gewebe der Natur vor. So geschieht es, dass die in den lebenden Individuen, als den Webestühlen des Artenbegriffes aus Zellen entstehenden Zellen die für neue Gestaltungen vorgebildeten Elemente aus der Mutter Erde hervorziehen, welche die bestandenen Individuen aufgelöst enthält.

> „Alles Vergängliche ist nur ein Gleichniss;
> Das Unzulängliche, hier wird's Ereigniss;
> Das Unbeschreibliche hier ist es gethan;
> Das Ewigweibliche zieht uns hinan."
> (Goethe. Faust II.)

Druck von W. Drugulin in Leipzig.